电气自动化控制技术及其创新应用研究

刘 伟 周冬芹 著

天津出版传媒集团
天津科学技术出版社

图书在版编目(CIP)数据

电气自动化控制技术及其创新应用研究 / 刘伟, 周冬芹著. -- 天津 : 天津科学技术出版社, 2024.5
ISBN 978-7-5742-2004-1

Ⅰ. ①电… Ⅱ. ①刘… ②周… Ⅲ. ①电气控制系统-研究 Ⅳ. ①TM921.5

中国国家版本馆CIP数据核字(2024)第106773号

电气自动化控制技术及其创新应用研究
DIANQI ZIDONGHUA KONGZHI JISHU JIQI CHUANGXIN YINGYONG YANJIU

责任编辑：王　冬
责任印制：兰　毅
出　　版：天津出版传媒集团
　　　　　天津科学技术出版社
地　　址：天津市和平区西康路35号
邮　　编：300051
电　　话：（022）23332377
网　　址：www.tjkjcbs.com.cn
发　　行：新华书店经销
印　　刷：河北万卷印刷有限公司

开本 710×1000　1/16　印张 14　字数 220 000
2024年5月第1版第1次印刷
定价：88.00元

前言

在全球化与科技持续蓬勃发展的时代，电气自动化控制技术已经成为现代工业及相关领域的核心技术之一。无论是简单的家用电器，还是复杂的工业生产线，电气自动化控制技术都起到了重要的作用，在一定程度上助力了现代社会高效、稳定、安全地运作。

这本书旨在全面介绍电气自动化控制技术的理论知识与实际应用，结构清晰、内容翔实。从第 1 章电气自动化控制技术的基本概念、发展、影响因素，到第 2 章电气自动化控制与可编程逻辑控制器技术，再到第 3 章电气自动化控制系统的基础与应用，每一章节都涉及该领域的重要组成部分和核心技术。第 4 章深入探讨了近年来备受关注的人工智能技术在电气自动化控制中的创新应用，为读者揭示了科技与电气控制领域的交叉融合趋势。

随着人们对高能效、低消耗需求的不断增长，电气自动化控制技术亦不断推陈出新，尤其在控制技术、节能技术、监控技术等方面，人们已经见到了许多创新技术的应用，这些都为现代社会带来了巨大的便利，书中第 5 章着重介绍了这部分内容。本书第 6 章则具体展示了电气自动化控制技术在电力企业、建筑行业、智能农业的创新应用，为读者提供了一系列鲜活的实际应用案例。

电气自动化控制技术不仅是研究人员的研究领域，更是与每个人日常生活息息相关的技术。通过本书，笔者不仅希望能让相关领域的专业人员受益，更希望广大读者能够对电气自动化控制技术有更深入、更全面的了解，从而更好地认识和利用这一技术。

目录

1 电气自动化控制技术概述……001

1.1 电气自动化控制技术的基本概念……001
1.2 电气自动化控制技术的发展……004
1.3 电气自动化控制技术的影响因素……012

2 电气自动化控制与 PLC 技术……014

2.1 基本的电气控制电路……014
2.2 PLC 概述……048
2.3 PLC 的通信网络……068

3 电气自动化控制系统基础与应用……080

3.1 自动控制系统概述……080
3.2 自动控制系统的分类……082
3.3 自动控制系统的组成与控制方式……084
3.4 自动控制系统的典型应用……091

4 人工智能在电气自动化控制中的创新应用……094

4.1 人工智能简述……094
4.2 专家系统在电气自动化行业中的应用……106
4.3 遗传算法在电气自动化行业中的应用……135
4.4 模糊控制在电气自动化中的应用……160

5 电气自动化控制技术的创新应用……172

5.1 电气自动化控制技术的应用……172
5.2 电气自动化节能技术的应用……187
5.3 电气自动化监控技术的应用……191

6 电气自动化控制技术的创新应用案例……195

6.1 电气自动化控制技术在电力企业中的应用……195
6.2 电气自动化控制技术在建筑行业中的应用……200
6.3 电气自动化控制技术在智能农业中的应用……206

参考文献……212

1　电气自动化控制技术概述

1.1　电气自动化控制技术的基本概念

1.1.1　电气自动化控制技术的概述

电气自动化控制技术是由网络通信技术、计算机技术，以及电子技术高度集成而产生的一种技术，所以该技术的覆盖面积相对较广，也对其核心技术——电子技术有着很大的依赖性，电气自动化控制技术推动了功能丰富、运行稳定的电气自动化控制系统的形成，并将电气自动化控制系统与工业生产工艺设备结合，从而实现生产自动化。电气自动化控制技术在应用中具有更高的精确性，并且具有信号传输快、反应速度快等特点，如果电气自动化控制系统在运行阶段的控制对象较少且设备配合度高，则整个工业生产工艺的自动化程度便相对较高，这也意味着这种工艺下的产品质量可以提升至一个新的水平。现阶段基于互联网技术和电子计算机技术而成的电气自动化控制系统，可以实现对工业自动化生产线的远程监控，人们通过中心控制室来实现对每一条自动化产线运行状态的监控，并且根据工业生产要求随时对生产参数进行调整。

电气自动化控制技术是一个综合性的技术领域。电气自动化控制技术在发展和实施中对计算机技术、网络技术和电子技术有着密切的依赖和高度的整合需求。电气自动化控制技术是多领域科学技术的完美结合，旨在为社会提供更多功能和更优服务，该技术综合利用各种科技优势，使众多设备相互连接，以实现对它们的精准控制。在实践中，电气自动化控制技术反应敏捷，控制精度上乘。当电气自动化控制技术仅需要管理少量的设备时，它可以大大提高生产流程的自动化程度。更为重要的是，这种高效的控制不仅提高了生产效率，还提高了生产出的产品的质量。

在当今社会中，电气自动化控制技术深度整合了计算机技术和互联网技术的强大功能。这不仅允许其对整个工业生产过程进行实时监测，还能够根据生产的实际需求灵活调整生产线参数，确保生产流程与实际需求相匹配，进而更好地满足市场的实际需求。

1.1.2 电气工程自动化控制技术的要点分析

1. 构建自动化体系

构建自动化体系对电气工程的未来很重要，尽管我国在电气工程自动化控制技术领域的研究已经有一段时间，但电气工程自动化控制技术实际应用的时间并不长，且技术层次尚需提高。构建一个融合中国特色的电气自动化体系显得尤为重要。采用先进的管理策略是保障自动化体系健康、有效发展的关键，这样可以确保在推进自动化体系建设时，不会存在仅为填补空缺而做的冗余建设。

2. 实现数据传输接口的标准化

为确保电气工程及其自动化系统安全和高效的数据传输，建立标准化的数据传输接口很重要。研究人员应该持续学习，积极吸纳先进设计技术和控制技术，并将其借鉴到实践中。标准化数据传输接口的应用，不仅可以确保程序之间的无缝对接，而且可以提高系统开发的效率，从而节约资源和时间。

3. 建立专业的技术团队

在电气工程的实施过程中，人员的素质、技能水平和安全意识也很重要。因此，企业在管理层面上应双管齐下。一方面，企业应强化对现有员工专业技能的培训，例如实施职前培训；另一方面，企业也应该积极吸纳拥有更高素质和技能的人才。这两方面措施的有效实施，能够确保电气工程自动化控制的稳定性，最大限度地减少因人为因素引发的故障。

4. 应用计算机技术

在这个高度网络化的社会中，计算机技术为各个行业带来了深刻的影响和便利。将计算机技术应用于电气工程自动化控制中，这样可以引导电气工程向更智能化的方向发展。尤其是在自动控制技术的数据处理和分析环节，计算机技术可以极大地节省人力资源、提高工作效率和提升控制准确度，从而推进工业生产的全面自动化。

1.1.3 电气自动化控制技术的基本原理

电气自动化控制技术致力于进一步完善电气自动化控制系统设计，其核心设计理念集中于两种监控方式：集中控制方式和远程控制方式。在电气自动化控制系统的框架中，计算机系统起到了核心作用。计算机负责动态协调各类信息，同时拥有数据存储和分析功能。在实际应用中，计算机系统构成了电气自动化控制的基石。在操作中，计算机扮演了数据输入、数据输出、数据分析和数据处理的关键角色。通过计算机，人们能够迅速地处理大量数据，从而保证控制系统达到预定的效果。

电气自动化控制系统的启动方式根据系统功率的大小会有一定的区别。功率较小的系统可以选择直接启动方式来驱动系统。但是，功率较高的系统需要采用星形或三角形的启动方式。不论是哪种启动方式，它们的核心目标都是确保生产设备在安全和稳定的环境下顺利运行。

电气自动化系统通过电气控制系统进行监控，人们将发电机、变压器组和厂用电源等多个电气设备控制整合在一起组成了电气控制系统。这样的系统能够实现对各种设备的精准操作与控制。电气自动化系统不仅可以调度和控制这些设备还具备保护励磁变压器、发电机组和高压变压器等关键部件的功能。电气控制系统不仅支持自动操作，还支持手动操作。这为电气自动化系统的应用提供更多的灵活性。

集中控制方式的设计比较简单，因为它对控制站的防护配置要求不高。这种方式将所有的功能都集中在一个处理器中。但由于需要处理的内容较多，它的运行速度可能较慢。这样的集中控制方式可能会导致主机冗余度下降和电缆长度增加，从而增加了电气自动化控制系统的投资成本。而长距离的电缆容易给系统带来外部干扰，这会威胁系统的安全，进而影响系统的可靠性。

远程控制方式允许管理人员在不同的地方通过互联网对计算机进行控制。与传统的使用长距离电缆的方法相比，远程控制方式减少了安装的复杂性，从而节省了费用。但是，这种控制方式在可靠性上存在问题。由于其固有的局限性，远程控制方式主要在小规模场景中应用，并不适用于全面构建整个工厂的电气自动化系统。

1.2 电气自动化控制技术的发展

1.2.1 电气自动化控制技术的发展历程

随着信息时代的发展，信息技术的应用变得更为便捷。信息技术不断融合到电气自动化控制中，使电气自动化系统实现了信息化。这种信息化不仅确保了电气自动化控制技术能够得到全面的监控，还增强了生产信息的准确性，也强化了设备和控制系统的功能，提升了通信的能力，并促进了网络多媒体技术的应用和推广。

电气自动化控制技术在中国工业发展中扮演了不可替代的角色，并已广泛应用于各个生产行业。鉴于电气自动化控制技术在日常生活和生产中的普及，人们对其有了更高的期望。因此，推动我国电气自动化控制技术的进一步发展已经变得尤为紧迫。

电气自动化控制技术的起源可以追溯到20世纪50年代。这个时期，尽管电机和电力产品已经出现，但自动化控制主要停留在机械层面，真正意义上的电气自动化还未完全形成。这一时期首次出现了“自动化”的概念。这一时期不仅为电气自动化控制技术的诞生奠定了基础，更为后续的研究与发展提供了重要的思考方向。

20世纪80年代，随着计算机网络技术的快速发展，网络技术逐渐趋于成熟。这个时期，基于计算机管理的电气自动化控制方式开始崭露头角。这对电气自动化控制技术的基本架构和基础体系的建立起到了推动作用。进入新的时代，伴随高速网络技术、计算机处理能力和人工智能技术的逐渐成熟，电气自动化控制技术在电力系统中的应用得到了进一步拓展。这个阶段，电气自动化控制技术主要以远程遥感、远程监控和集成控制为核心。随着科技的持续进步，如今的电气自动化控制技术逐渐向网络化、智能化、功能化和自动化发展。

随着信息技术、网络技术、电子技术和智能控制技术的迅猛发展，电气自动化控制技术得以快速发展和完善，能够更好地适应社会经济的需求。为了满足这种技术在各个领域的广泛应用，各大高校相继设立了电气工程及其自动化和自动化专业，并培育了大量的技术精英。这一现象确保了电气自动化控制技术在国家经济发展中的关键地位，证明其在推动我国经济和社会进步中起到了重要的作用。随着时间的推进，人们深刻理解了电气自动化控制技术在现代化进程中的核心地位，明确了其与信息技术、生产和工业的紧密联系。为了更好地发展这一技术，人们必须汲取过去的经验，紧跟时代的发展步伐，针对性地优化和完善电气自动化控制技术，确保其持续、稳健地发展。

随着我国工业技术的快速进步，电气自动化控制技术在众多企业中得到了应用。特别是对于新兴的现代企业，这一技术成了它们发展的核心。企业逐渐倾向于利用自动化设备来取代传统的人力，这不仅大大节约了人工成本，提高了生产效率，还提升了操作的可靠性。电气自动化控制技术是现代企业发展的方向，其广泛的应用改善了劳动者的工作环境，减轻了劳动强度。电气自动化控制技术已广泛应用于工业、农业和国防等多个领域，对于推动我国经济社会的快速发展具有重要意义。这项技术的发展和应用还提高了城市的整体形象和居民的生活品质，为满足现代人对于高品质生活的追求提供了技术支持。

1.2.2　电气自动化控制技术的发展特点

为满足现代社会的发展需求和经济的发展需要，电气自动化系统应运而生。当前，众多企业的运营依赖大量复杂的电气设备，这些设备运行周期长、工作速度快、对稳定性和安全性的要求较高。电气自动化系统与这些设备的结合，可以极大提高企业的管理效率和电气设备的运行效率。电气自动化系统的研发仍处于成长阶段，相关技术人员应加大对电气自动化系统的研究力度，确保其为提高生产效率做出更大贡献。

1. 电气自动化信息集成技术的应用

信息集成技术在电气自动化领域有两大方面的应用。

（1）电气自动化的管理方面。在电气自动化的管理方面，信息集成技术起到了重要的作用。随着电气自动化控制技术不断深入到企业的生产管理中，信息集成技术为管理团队提供了一个能够精准记录、储存和分析生产运营中全方位数据的有效工具。信息集成技术确保了数据的完整性、准确性和及时性，为管理团队提供了宝贵的参考信息。

（2）电气自动化设备的管理与维护方面。在电气自动化设备的管理与维护方面，信息集成技术也展现了很不错的应用价值。先进的信息集成技术可以进一步提升设备的自动化程度和生产的效率，确保设备高效、稳定地运行。

2. 电气自动化系统检修便捷

电气自动化设备在各行各业的应用，为日常的生活与生产带来便利。尽管电气自动化设备有众多种类，但其核心应用系统相对统一，目前主要使用的电气自动化系统平台是基于 WindowsNT 及 IE 的，这为各种应用提供了标准化的平台。可编程逻辑控制器（programmable logic controller, PLC）系统的引入，使技术人员对电气自动化系统的管理更为简化，为实际生产提供了极大的便利。PLC 系统与电气自动化系统的完美融合，不仅显著提升了系统的智能化水平，也使操作界面更加友好和人性化。如果系统中出现异常，技术人员可以在实时操控过程中迅速识别，且电气自动化系统具备自动恢复功能。电气自动化系统的应用大幅度减少了日常检修与维护的工作量，并且能有效预防因设备故障带来的生产中断。因此，电气自动化系统的应用不仅确保了系统稳定地运行，还提高了生产效率。

3. 电气自动化分布控制技术的广泛应用

电气自动化分布控制技术的功能非常多，其应用系统主要分为以下两个方面。

（1）通过利用计算机信息技术，设备的总控制部分能够对整个电气自动化设备进行统一和精准的管理与控制。

（2）对电气设备运行状况的监控是总控制系统的核心分支，这对确保电气自动化系统的稳定运作很重要。总控制系统与分支控制系统主要通过网络连接进行数据交互。总控制系统会对整体流程进行精确的调控。分支控制系统会收集并反馈实时的运行数据。这种双向的信息通信确保了生产过程中实时地响应，从而保障了整个生产线的流畅与效率。

1.2.3 电气自动化控制技术的发展情况

电气自动化控制技术的开发和利用，使社会上的很多工作的工作模式发生了变化。一般而言，电气自动化控制技术的落实可以使设备在无人看管的情况下完成生产、监督、问题处理等工作，更大程度地减少了劳动力的浪费，对国家的发展产生了积极的作用。研究人员不仅仅要在当下的工作上有所成就，还应从长远的角度出发，确保电气自动化的发展方向更加多元化。

1. 平台开放式发展

随着对象链接与嵌入的过程控制技术的诞生、可编程逻辑控制器标准 IEC 61131 的发布，再加上微软的 Windows 操作系统得到广泛应用，计算机技术与电气自动化控制技术的结合成了发展的趋势。在这个过程中，计算机在推动和实现这种技术融合中扮演了一个关键角色，为电气自动化控制技术带来了新的可能性与发展空间。

可编程逻辑控制器标准 IEC 61131 对编程接口进行了标准化的规定，为 PLC 的开发提供了统一的规范。尽管全球有超过 2000 家 PLC 制造商和近 400 种 PLC 产品，它们的编程语言和表达方式可能会有所不同，但可编程逻辑控制器标准 IEC 61131 确保了各大控制系统厂商的产品在编程接口上达到一致性。这一系列标准不仅定义了语法规则，还明确了语义规定，确保未来不会有其他非标准的语言出现。作为一系列国际标准，可编程逻辑控制器标准 IEC 61131 已被众多控制系统厂商广泛应用，这进一步推动了 PLC 技术的全球标准化进程。

Windows 已经逐渐成为工业控制的操作平台。这些由微软推出的技术，如

Windows NT、Windows CE 和 Internet Explore 等技术，已经确立为工业控制领域的核心技术。在企业中，个人计算机和网络技术已应用于广大用户。在电气自动化环境中，基于个人计算机的控制系统已经占据主导地位。越来越多的用户因其集成性和灵活性而选择基于个人计算机的控制系统。选择 Windows 作为控制层操作系统带来了许多优势，如友好的用户界面、易于维护的特性，以及与办公软件无缝集成的能力。

2. **现场总线和分布式控制系统的应用现场总线**

现场总线是一种双向、分支结构的串行数字通信总线，专为连接智能设备和自动化系统设计。通过单一的串行电缆，现场总线把中央控制室的工业计算机、监控软件、PLC 的中央处理器（central processing unit, CPU）、现场的远程输入输出（input/output, I/O）站、变频器、智能仪表等设备连接在一起。这样，大量的现场设备信息就可以被汇总到中央控制器中进行处理。分布式控制系统的应用，可以使 PLC、I/O 模块和其他现场设备通过现场总线进行高效连接，进而将 I/O 模块与现场的检测器和执行器无缝整合。

3. **信息技术与电气工业自动化**

信息技术，特别是个人计算机、客户机 / 服务器体系结构、以太网和互联网技术，已经为电气自动化领域带来了数次变革。这种变革是由市场对于电气自动化和信息技术融合的需求所驱动的，且随着电子商务的普及，这一变革的正在加速。从宏观上看，信息技术在工业界的渗透有两大路径。一个路径是从管理层向下纵向渗透，使企业的业务数据处理系统能实时处理生产过程中的数据；另一个路径是信息技术横向扩展至各种自动化系统。因此，信息技术不仅可以应用于高级控制器或仪表中，还可以应用于基础的传感器和执行器中。通过互联网 / 内联网技术，管理层可以使用标准浏览器实时查看企业财务、人事信息，还能实时监控生产过程。微电子和微处理器技术的进步是这场信息技术革命的核心成果。随着软件的结构、通信功能和统一配置环境的重要性日益凸显，软件在整体系统中的地位也越来越高。

4. 信息集成化的发展

电气自动化控制系统的信息集成化主要有两个方面的发展。

（1）管理方面。在管理方面，对企业的资金、人力和资源进行合理的分配是很重要的。这需要管理者能够迅速了解各部门的工作进展和状态。而电气自动化控制系统的信息集成化就能做到这一点。对于管理者而言，这种即时的信息获取是很重要的，因为它有助于实现更加高效的运营管理模式，并在关键时刻迅速做出决策。

（2）对先进设备的研发和对控制机器的优化。电气自动化控制技术朝着信息集成化方向发展，主要体现在对先进设备的研发和对控制机器的优化上。这些尖端技术使公司制造的产品迅速获得市场的肯定。技术的进步还体现在采纳新兴的微电子处理技术上，这确保了技术与软件之间的完美匹配。

5. 电气自动化工程中的分散控制系统（distributed control system, DCS）

DCS 融合了微处理机、先进的阴极射线管技术、计算机技术和通信技术，代表了当代计算机控制的新体系。DCS 通过多台计算机对生产过程的各个环节进行控制。DCS 的核心优势在于集中地收集、管理和重点监测数据。随着现代计算机和信息技术的迅速发展，DCS 展现了网络化和多样化的特点，它能够将各种不同型号的系统相互连接，实现数据交换。这些数据经过整合可以进一步连接到企业的总管理系统和互联网上。DCS 的控制功能分布在多台计算机上，系统设计考虑了容错性，即使单个计算机出现故障，整体系统依然能够稳定运行。专业软件和特定的计算机的应用，能进一步提高电气自动化控制系统的稳定性和效率。

1.2.4 电气自动化控制技术的发展趋势

电气自动化控制技术在过去几十年内得到了飞速的发展，根据近年来的技术发展趋势和行业发展动态，该领域的关键发展趋势分为以下几种。

1. 智能化

随着人工智能和机器学习技术的不断完善，电气自动化控制技术正逐渐从传统的程序控制模式转变为智能化的自适应模式。这意味着，该技术不再仅仅依赖预先设定的参数和规则来执行任务，而是能够自主地学习和优化，从中累积经验。通过不断的学习，电气自动化控制技术可以更准确地预测未来的变化，提前做出判断，从而减少误差。电气自动化控制技术还可以自动适应外部环境的变化，如温度、湿度或其他关键参数的波动，确保系统稳定、高效的运行。这种智能化的进步，无疑将大大增强电气自动化控制技术在各种复杂场景下的应对能力和准确性。

2. 集成化

为了适应现代化的生产需求和提高整体生产效率，越来越多的功能和电气自动化控制技术正被整合到单一的系统平台中，这种整合涉及从数据采集到执行的所有环节。例如，传感器不仅负责数据的采集，还可以预处理信息并提供实时反馈；执行器除了执行任务外，还可能具有自适应能力，以应对环境变化；控制器则集成了先进的计算功能和分析功能，能够进行快速决策。这种多功能一体化的设计，不仅简化了系统结构，减少了冗余和浪费，还使各个部件之间的协同工作更为紧密和高效，有效提升了整个系统的性能和可靠性。

3. 远程控制化

电气自动化控制技术现在可以实现远程的实时监控，这意味着无论地点在哪，管理人员都可以即时访问系统的运行状态，及时掌握关键数据。远程控制功能也使对系统的调整和优化可以在任何地点进行，大大增强了电气自动化控制系统应对各种情境的灵活性。远程维护功能减少了因现场服务而产生的时间和金钱成本，还可以确保系统持续、稳定地运行。电气自动化控制技术的远程控制化不仅增强了电气自动化控制系统的可访问性，而且提高了电气自动化控制系统响应速度，为现代化的生产和管理提供了坚实的支撑。

4. 模块化与灵活性

在未来的电气自动化控制技术的蓝图中，电气自动化控制系统的设计趋势正迅速地转向模块化。这种设计方法的核心理念是使每一个元件都能独立完成特定的功能。用户可以根据自身的需求选择这些组件，从而定制一个最适合用户应用的系统。这样的设计不仅大大提高了系统的灵活性，还允许用户针对不同的项目或需求进行快速配置。随着技术的进步，系统还可以在不替换整个系统的情况下进行升级或扩展。这不仅降低了成本，还提高了系统的适应能力，满足了现代工业对快速响应和变革的要求。

5. 绿色与节能

当今社会，人们对环境问题的关注日益增强，电气自动化控制技术也正逐步朝着更绿色、更可持续的方向发展。未来的电气自动化控制系统将不仅仅局限于提高生产效率和降低成本，更会深入地考虑其对环境的影响。例如，采用低功耗技术可以有效地减少能源消耗，降低碳排放，为地球减负。智能节能算法的应用可以实现对生产过程中能源的实时监控和优化，确保设备能在最佳状态下运行，最大限度地减少浪费。引入新型的材料和制造工艺将会减少对环境的污染和对资源的消耗。总之，绿色与节能将成为电气自动化控制技术的核心理念。

6. 高新技术

高新技术的介入为电气自动化控制技术带来了前所未有的数据处理能力。电气自动化控制技术能够实时地收集大量的运行数据，并通过云技术平台进行深度分析，进而使人们可以预测设备的运行状态、识别潜在的故障，以及优化生产的过程。这不仅大大提高了生产效率，还提升了设备的使用寿命和生产质量。人们应用云技术平台可以集中存储和共享各类电气设备的数据，使跨地域、跨平台的远程监控、诊断和维护成为可能。大数据和云计算地融入将使电气自动化控制技术更为智能、精准和高效。

7. 安全性增强

电气自动化控制系统也逐渐与网络技术融合，提升了效率和便捷性；但这也导致系统的安全问题日益凸显，因为电气自动化控制系统可能会成为网络攻击的目标。安全已成为电气自动化控制领域研发的核心关注点之一。未来的技术研究将聚焦于开发更高级的加密算法、入侵检测系统，以及实时的安全监控手段。针对未来的发展，技术人员也提出了一些措施，例如加大人员的培训力度、定期进行系统安全评估和及时更新软硬件等，以防范潜在的外部攻击，减少内部故障带来的风险。

1.3　电气自动化控制技术的影响因素

在工业生产过程中应用电气自动化控制技术是非常重要的，生产管理者应该针对影响电气自动化控制技术发展的因素进行深入的分析与探索，从而找到根本的解决之道，进一步促进电气自动化技术的快速发展。

1.3.1　电子信息技术发展所产生的影响

在当今这个数字时代，电子信息技术已经深入人们的日常生活中，成为大众熟知的技术。电子信息技术与电气自动化控制技术的结合日趋紧密，高级软件的应用使电气自动化更高效、安全。现在的时代是一个信息超载的时代，如何处理和利用这些信息变得很重要。为了跟上这个时代的发展步伐，建立一个全面而高效的信息处理系统变得很关键。为了确保电气自动化控制技术的持续发展，人们应该深入了解并掌握新的信息技术。

信息技术是人类处理、传递和储存信息的集成技术手段，它基于现代电子技术，并融合了通信和计算机自动控制技术，实现了信息的获取、加工和利用。信息技术的功能主要包括信息的采集、处理、传输和控制。信息技术的现代电子信息技术核心技术包括光电子、微电子和分子电子等元件的制造技术。信息技术的发展与电气自动化控制技术紧密相关。多学科领域的技术创新推动了信息技术的进步，而信息技术的进步反过来为电气自动化控制技术带来了更先进的技术基础和创新工具，两者相互促进，共同发展。

1.3.2　物理科学技术发展产生的影响

在 20 世纪 50 年代之后，物理科学技术的进步为电气自动化控制技术的飞速发展提供了强大的支持。三极管的发明和大规模集成电路的制造技术的应用标志着固体电子学的重大突破。随着电气自动化控制技术与物理科学技术之间的持续交融，未来的电气自动化控制技术将与微机电系统、生物系统和光子学等领域更为紧密地结合。电气自动化控制技术本质上是物理科学技术的一个应用领域。因此，物理科学技术的先进性直接决定了电气自动化控制技术的水平和应用广度。为确保电气自动化控制技术的持续创新和应用，企业管理层应该持续关注并跟随物理科学技术的最新发展，确保电气自动化控制技术与时俱进，与当前物理科学技术相契合。

1.3.3 其他科学技术的进步所产生的影响

电子自动化控制技术的飞速进展在很大程度上得益于其他科学技术的持续创新。这种互动关系为电气自动化控制技术的快速发展创造了有利条件。随着其他科学技术的进步和对于分析、设计方法的不断创新，电气自动化控制技术也得到了继续完善。因此，人们可以看到，其他科学技术的相互融合和推进，为电气自动化控制技术创造了持续的动力和广阔的发展前景。

2 电气自动化控制与PLC技术

2.1 基本的电气控制电路

2.1.1 电气控制系统图的绘制

电气控制是一个以继电器、接触器和其他低压电气元件为核心的控制策略。这些电气元件通过导线连接，形成电气控制电路。这种电路按照特定的设计要求和连接方式能够完成特定的功能。电气控制电路的主要作用是控制电力拖动系统，包括起动、制动、调速和提供必要的保护措施。这种控制方式能够确保生产过程符合工艺标准，并有助于实现生产的自动化，使整个操作过程更为高效和精确。

电气控制系统由特定的电气元件组成。为了详细描述生产机械的电气控制原理并简化安装、调试、使用和维护过程，系统中的电气元件用图形符号来表示。这些符号及其连接方式形成了电气控制系统图。

常用的电气控制系统图有电气原理图、电气元件的布置图和安装接线图。

在电气控制系统图中，电气元件的图形符号必须采用国家最新标准，即《电气简图用图形符号 第一部分：一般要求》（GB/T 4728.1—2018）。接线端子标记采用《人机界面标志标识的基本和安全规则 设备端子、导体终端和导体的标识》（GB/T 4026—2019），并按照《电气技术用文件的编制 第一部分：规则》（GB/T 6988.1—2008）的要求绘制电气控制系统图。

1. 电气原理图

电气原理图用于展示电路中电气元件的连接方式和工作机理。这种图不展示元件的实际位置、大小或安装点，而是采用国家标准的图形符号来代表它们。人们在电气原理图上只画出元件的导电部分、连接端点及导线。这样的表示方法使电气原理图的结构简洁、层次清晰、连接关系明确。这种图非常适合用来研究电路的工作原理，并可以作为其他类型的电路图的基础。

（1）绘制电气原理图的原则。

①电气原理图的绘制标准。在电气原理图中，所有元件应使用国家规定的统一图形符号进行表示。

②电气原理图的组成。电气原理图分为主电路和控制电路两部分。主电路是指从电源至电动机的电路，承载强电流，这部分在图中用粗线描绘并放置于左侧。控制电路则是承载弱电流的部分，通常由按钮、电气元件的线圈和接触器辅助触头等构成，这部分在图中用细线描绘并放置于右侧。

③在电气原理图中，电气元件并不以其实际外形绘制，而是仅表示其带电部分。同一元件可能有多个带电部分，它们具体的绘制情况是基于电路的连接方式来决定的。但关键是，这些元件必须按照国家标准的图形符号来表示。对于属于同一类别的多个电气元件，其名称会附带数字序号加以区分，例如KM_1、KM_2等，确保能清晰地识别每个具体元件。

④在电气原理图中，电气触头是基于其在无外力影响或处于断电状态时的初始位置被绘制的。这确保了触头在默认或自然状态下能被正确地表示。

⑤在绘制电气原理图时，设计人员应根据功能对电气元件进行排列。设计人员应将具有相同功能的元件放在一起，并把电气元件按操作顺序从上到下或从左到右排列到电气原理图上。这种布局方式有助于清晰、直观地展示系统的工作流程。

⑥在电气原理图的绘制中，各种连接点和交叉点的表示方法都有特定的规范。例如，对于需要测试或拆接外部引线的端子，这些端子在电气原理图上通常表示为一个“空心圆”。而对于有直接电联系的导线连接点，这些连接点则采用“实心圆”来表示。对于在电气原理图上交叉但并没有直接的

电连接的两导线的交叉点，这样的交叉点不用黑色圆点来标记。不过，为了保持电气原理图的清晰和易于理解，设计人员在绘制时应尽量减少线条的交叉，以避免可能的混淆。这样的绘图规范有助于提高电气原理图的准确性和可读性。

⑦电气原理图绘制要求。电气原理图的设计需注重明确的层次结构。在选择和布局电气元件、触头和导线时，设计人员应采取合理的策略，旨在最大限度地减少元件、触头和导线的使用，确保系统的安装和维护工作简便高效。

（2）电气原理图区域的划分。在电气原理图中，为了方便确定内容、确定各部分的位置，以及便于用户查找和理解电路，设计人员通常会对图面进行分区处理。这些分区沿竖边使用大写拉丁字母进行编号，而沿横边则使用阿拉伯数字进行编号，这些编号可能出现在图的上方或下方。每个编号都代表着对应电路的具体功能。

（3）继电器、接触器触头位置的索引。在电气原理图中，当表示继电器或接触器线圈时，其下方会标明相应的触头在图中的位置的索引标识。这个索引标识采用图面的区域号。如果你看到左边的列，它显示的是常开触头所处的图区编号；而右侧的列则表示常闭触头所在的图区编号。这种注释方式方便读者快速定位并理解电路中的各个部分和它们的关系。

（4）电气图中技术数据的标注。在电气原理图上，每个电气元件下方通常都会标明其相关的数据和型号信息。这样的标注方式为读者提供了元件的详细规格，方便读者对电路的理解和分析。如图 2-1 中热继电器 FR 下方标有 4.5 ～ 7.2 A，该数据为该热继电器的动作电流范围，而 6.8 A 为该继电器的整定电流。

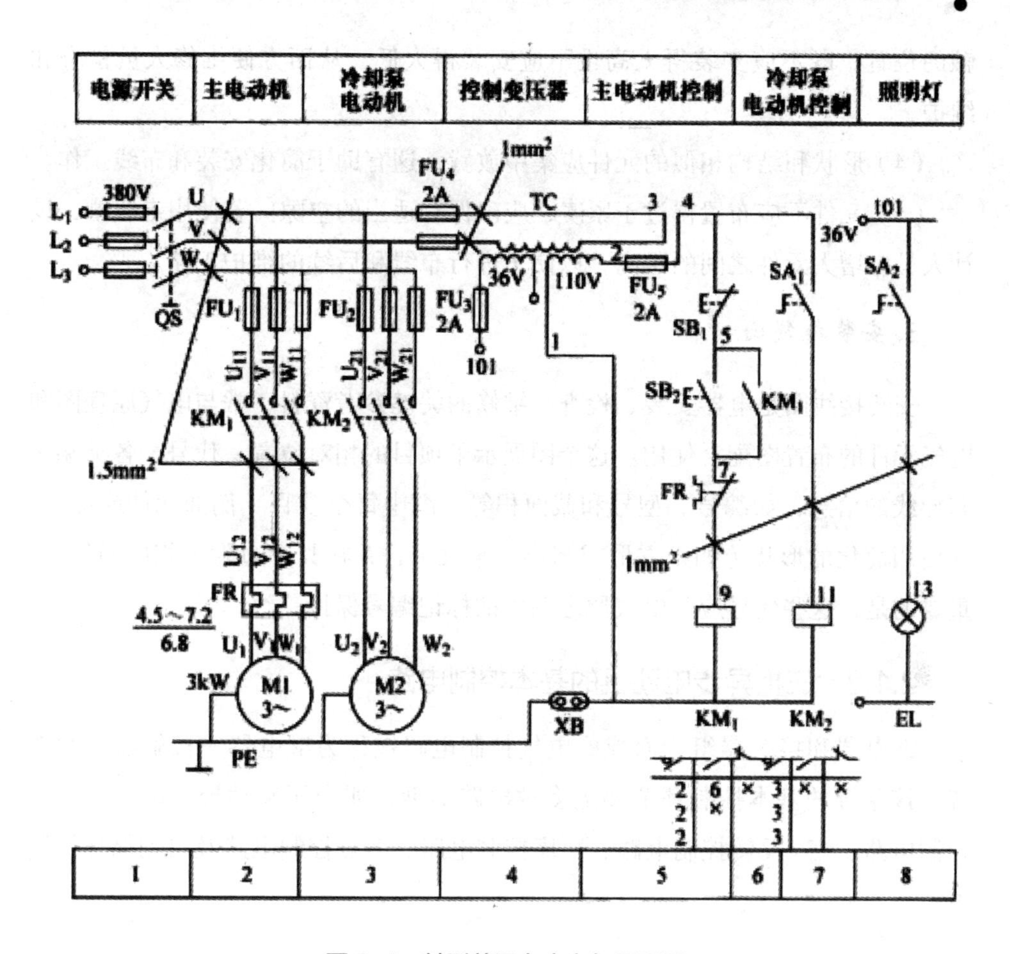

图 2-1 某型普通车床电气原理图

2. 电气元件的布置图

电气元件的布置图是用来表明电气原理图中各元件的实际安装位置，为电气控制设备的制造、安装提供必要资料。元件的布置应注意以下几个方面。

（1）在电器安装板上，体积较大和重量较重的元件应该被放置在下部，以保持平衡和稳定；而那些容易产生热量的元件应当被放置在上部，以方便散热。

（2）为了避免外部干扰，设计人员应将强电和弱电分开布线，并对弱电线路进行屏蔽处理。

（3）设计人员应该将需要定期维修、检查或调节的电气元件安装在容易接触的位置，既不应安装得太高也不应安装得太低，从而方便维修人员检查和维护。

（4）形状和结构相似的元件应集中放置，这有助于简化安装和布线工作。

（5）元件不应布置得过于紧凑，应确保有适当的空隙。若使用走线槽，设计人员应增大元件之间的距离，以便于进行布线和后续的维护工作。

3. 安装接线图

安装接线图是电器安装、检查、维修的关键参考资料，常与电气原理图和电气元件的布置图配合使用。这个图展示了项目的相对位置、代号、各类端子和导线的信息，如编号、型号和截面积等。图中每个项目（例如元件或部件）都使用简化的形状（如正方形或圆形）来表示，并在其旁边附上相应的代号。重要的是，这些代号应与电气原理图中的标记编号保持一致。

2.1.2　三相异步电动机的基本控制电路

继电器和接触器组合而成的电气控制电路被称为继电器—接触器控制系统。该系统的基本控制环节涵盖多种电路类型，如全压起动控制电路、点动控制电路、正/反转控制电路、顺序控制电路、多点控制电路及自动循环控制电路。

1. 全压起动控制电路

电动机从停止状态开始逐步达到稳定的运行速度，这一过程被称为电动机的起动。全压起动是直接将额定电压施加到电动机的定子绕组上，从而驱动其运转的一种方式。当变压器有足够的容量时，人们建议优先选择全压起动。这种起动方式具有很多优点，例如控制电路结构简洁，这不仅提高了系统的可靠性，还因为其简洁的结构减少了潜在的故障点，从而减轻了电气维护的负担。

（1）手动起停控制电路。图2-2为用负荷开关或胶盖开关控制的电动机直接起动和停止的控制电路，电路采用了熔断器FU作短路保护，电路能可靠工作。这种控制方式的电气电路简单，但操作不方便、不安全，无过载、无零压等保护措施，不能自动控制。

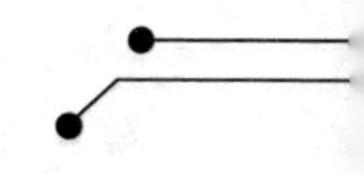

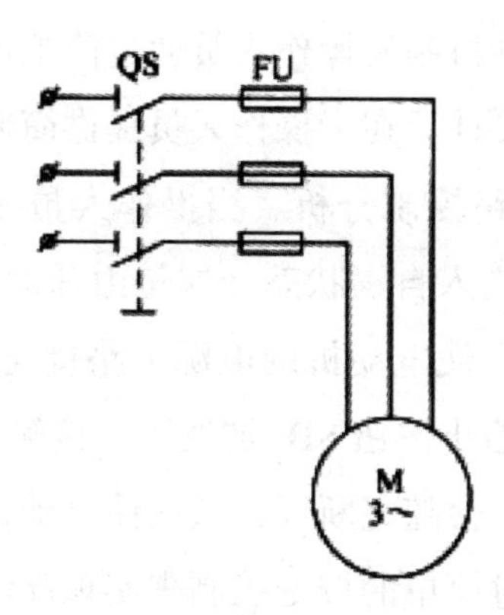

图 2-2 手动起停控制电路

（2）自动起停控制电路。自动起停控制电路是一种用按钮进行起动和停止操作，可以连续运行的控制电路。典型的自动起停控制电路如图 2-3 所示。

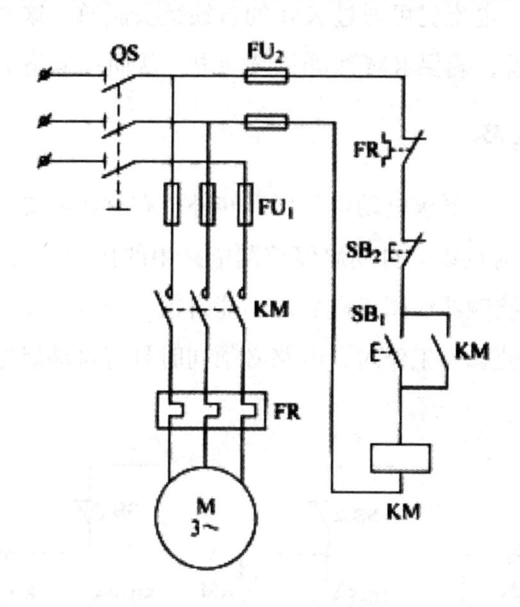

图 2-3 自动起停控制电路

自动起停控制电路由主电路和控制电路组成。在主电路中，电源是通过隔离开关 QS 引入的，而电动机的电流是通过接触器 KM 的主触头进行控制的，即接触器的通断状态决定电流的流通与否。控制电路是利用起动和停止按钮来分别控制交流接触器线圈的电流。当线圈通电时，其电磁机构被激活，从而驱动触头进行通断操作。这种机制使操作人员通过简单地按下按钮，就能实现电动机的起动或停止。这种设计旨在为操作人员提供简便、直观的控制方式。

（3）自动起停控制电路控制分析。当操作人员按下起动按钮 SB_1，接触器 KM 的线圈会通电，并进入自锁状态，这是由辅助动合触头闭合而实现的。此时，主触头也闭合，从而使电动机的电源电路接通，导致电动机 M 启动并保持连续运行。相反，当停止按钮 SB_2 被按下，接触器 KM 的线圈将会断电。由于线圈断电，自锁回路也会随之断开，从而使电动机停止运行。这一系列的操作确保了电动机可以通过简单的按键控制来实现起动和停止，为用户提供了直观且有效的控制方式。

接触器 KM 的辅助动合触头，与起动按钮 SB_1 的动合触头并联，形成自锁触头。当 KM 线圈通电后，KM 的辅助动合触头便闭合。此时即使松开可自动复位的按钮 SB_1，电流仍可通过 KM 的自锁触头流通。这种闭合状态在按钮 SB_1 复位后依然维持，确保 KM 线圈持续通电，从而在电路中完成自锁功能。

2. 点动控制电路

在实际工作中，除要求电动机长期运转外，有时还需要电动机短时或瞬时工作，这种现象称为点动。自动启停控制电路中的接触器线圈得电后能自锁，而点动控制电路的接触器线圈得电后却不能自锁。当机械设备要求电动机既能持续工作，又能方便瞬时工作时，电路必须同时具有自动启停和点动的控制功能，如图 2-4 所示。

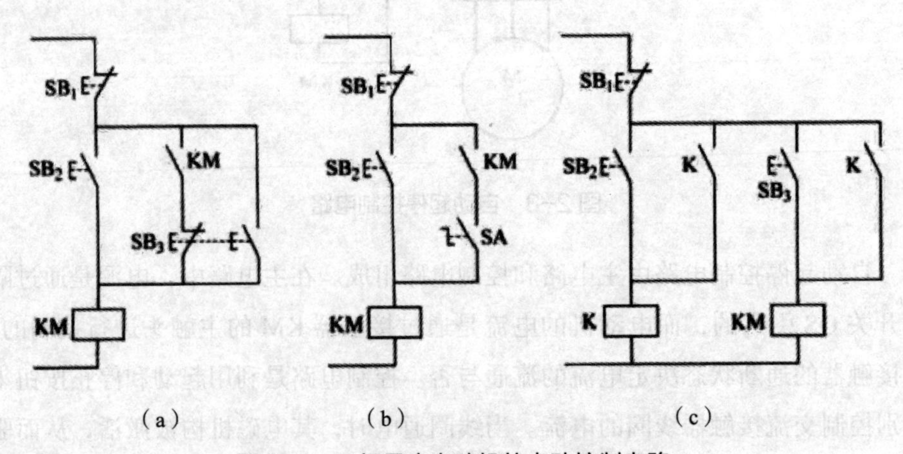

图 2-4　三相异步电动机的点动控制电路

在图 2-4（a）中，点动功能通过按钮 SB_3 来实现。SB_3 具有两个触头：一个常闭触头和一个常开触头。当 SB_3 未被按下时，其常闭触头闭合，确保了电动机可以接收到自锁电路中的电流（如果自锁已经被激活）。当 SB_3 被按下时，常闭触头断开，断开了向电动机供电的电路，使电动机停止。操作人员按下 SB_3 还会使其常开触头闭合，短暂地使 KM 线圈得电，如果 KM 的主触头此时闭合，电动机就会短暂启动。但是由于常闭触头已经断开，操作人员一旦释放 SB_3，其常开触头也会回到断开状态，KM 线圈失电，导致 KM 的主触头断开，电动机停止，从而实现点动控制。操作人员通过按下 SB_3 实现点动控制。只要 SB_3 保持被按下的状态，电动机就会运行。操作人员一旦释放 SB_3，电动机立即停止。这种控制方式适用于需要精确控制电动机启动和停止时间的场合。

在图 2-4（b）中，操作人员引入了一个手动开关 SA，用于切换控制模式。点动控制可通过打开 SA 并操作 SB_2 来实现。而要进行连续控制，操作人员只需闭合 SA，从而将 KM 的自锁触头接入电路，并通过操作 SB_2 来达到连续运行的效果。

在图 2-4（c）中，操作人员引入了中间继电器 K，通过操作按钮 SB_3 来完成电路的点动控制。操作人员按下 SB_3，KM 线圈激活，KM 的主触头随即闭合，启动电动机。操作人员一旦释放 SB_3，KM 线圈失去电流，KM 主触头开启，电动机则停止运转。操作人员按下 SB_2，使线圈 K 激活，K 的常开辅助触头随之闭合。这个动作使电路构成了自锁回路，保证了电动机可以维持连续运行状态。

3. 正/反转控制电路

在各类生产设备中，许多运动部件需能进行两个对立方向的运动，例如机床的前后移动、主轴的正反转动或起重机的上下操作。为达成这一目的，电动机应能执行正反两个旋转方向。由三相交流电动机的工作机理得知，电动机反向旋转可以通过交换任意两条电源线来实现。因此，要控制电动机的正反转动，主电路必须配备两个交流接触器。这两个交流接触器分别为电动机提供两种不同的相序，从而满足电动机正转和反转的需求。

图 2-5 为正/反转控制电路，该电路由主电路和控制电路组成。主电路的

两个交流接触器 KM_1 和 KM_2 负责建立两种不同相序的电源接线，以实现电动机的正转和反转。控制电路的工作原理如下。操作人员激活正转启动按钮 SB_1，使接触器 KM_1 的线圈得电并实现自锁，随之 KM_1 的主触头闭合，使电动机开始正向旋转。当电动机处于正转状态时，操作人员按下停止按钮 SB_1，此时 KM_1 的线圈失去电流，自锁回路解除，主触头断开，电动机随即停止。若需反转电动机，操作人员激活反转按钮 SB_2，使交流接触器 KM_2 的线圈得电并自锁，KM_2 的主触头闭合，从而实现电动机的反向旋转。

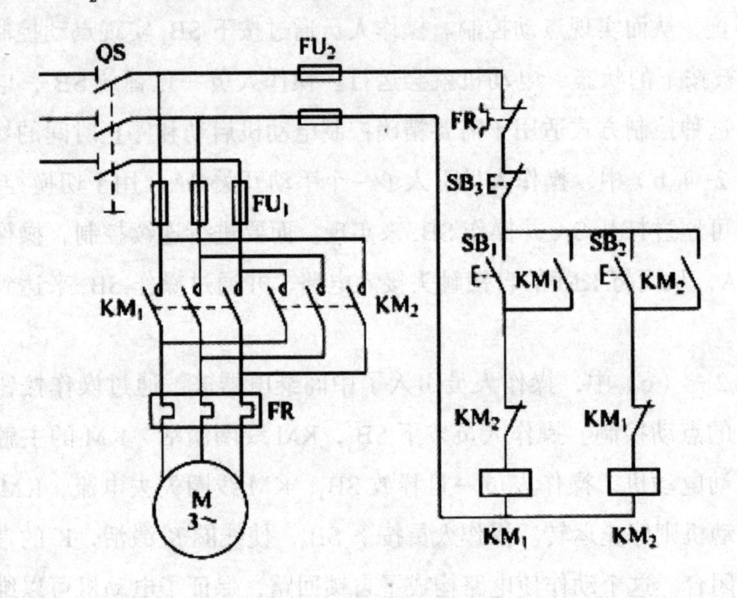

图 2-5　正 / 反转控制电路

在主电路中，若接触器 KM_1 和 KM_2 的主触点同时闭合，将引发电源短路，所以在任何情况下，只能有一个接触器的主触头闭合。为了实现这个控制需求，需要在电路中进行特殊设计：将 KM_1 和 KM_2 的动断触头分别连接到对方的线圈电路中。这样，两个接触器之间形成了一种相互限制，确保它们不会同时动作，这种设计被称为互锁控制，这种设计可以有效地避免电源短路的风险。

该电路欲使电动机由正转进入反转或由反转进入正转，必须先按下停止按钮，然后再进行相反操作。这给设备操作带来一些不便。

为了方便操作，提高生产效率，相关技术人员在图 2-5 的基础上增加了按钮互锁功能，如图2-6所示。操作方法是将正、反转按钮的动断触头串到对方电路中，利用按钮动合、动断触头的机械连接，在电路中起相互制约的互锁作用。在电动机正转时，操作人员按下反转按钮 SB_2 会断开 KM_1 线圈，使电机停止，然后触发 KM_2 线圈实现反转。反之，当电机反转时，操作人员按下正转按钮 SB_1 会实现正向转动。这种设计避免了先停止再切换转动方向的步骤，通过按钮互锁直接切换转向，使操作更简便。双重互锁提高了电路的实用性和安全性。

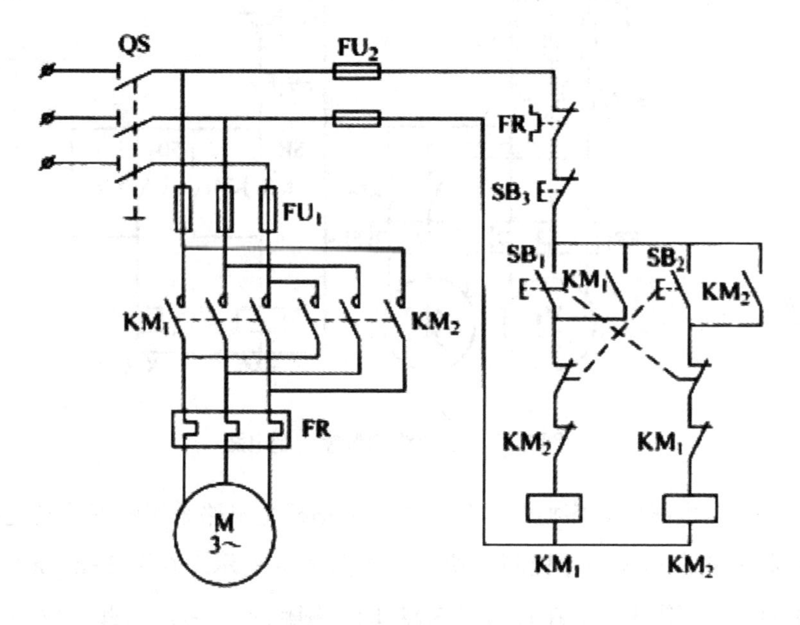

图2-6 按钮互锁正/反转控制电路

4. 顺序控制电路

许多生产机械或自动化生产线都由众多运动部件构成，这些部件之间既有关联性，又存在相互制约。例如，电梯不能同时上升和下降。而机械加工车床在启动主轴前，需要确保油泵电动机工作，确保齿轮箱得到充足的润滑油。因此，电动机的启动顺序变得至关重要，只有采取正确的启动顺序，才能确保各个部分安全、准确地协同工作。为满足这一需求，研发人员设计出了顺序控制电路。这种电路可分为主电路和控制电路两种顺序控制方式。

（1）主电路的顺序控制。主电路的顺序控制电路如图2-7所示。在主电路中，接触器 KM_2 的三个主触头被连在接触器 KM_1 主触头的后面，因此，只有当 KM_1 闭合并启动电动机 M_1 后，KM_2 才会闭合，然后启动电动机 M_2，这确保了 M_1 和 M_2 电动机的启动顺序。在该电路中，起动按钮 SB_1 和 SB_2 分别控制这两台电动机的启动，而按钮 SB_3 则用于同时停止两台电动机。

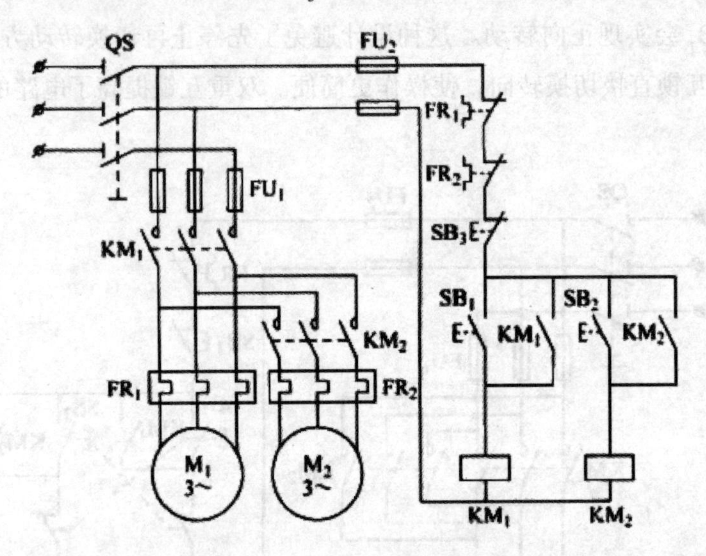

图 2-7　主电路的顺序控制电路

（2）控制电路的顺序控制。如果不在电动机主电路采用顺序控制连接，可以用控制电路来实现顺序控制的功能，如图 2-8 所示。在图 2-8（a）中，接触器 KM_2 的线圈被连接在接触器 KM_1 的自锁触头之后。因此，仅当接触器 KM_1 线圈被激活并自锁且电动机 M_1 开始运行时，接触器 KM_2 线圈才能被激活，从而启动电动机 M_2。接触器 KM_1 的辅助触头同时实现了自锁和顺序控制的功能。

图 2-8（b）中，顺序控制电路通过使用专用的 KM_1 辅助动合触头实现，该辅助触头串联在接触器 KM_2 的线圈回路中，从而确保 KM_1 必须先于 KM_2 动作，这样便实现了电动机的顺序启动控制。

当按下启动按钮 SB_3 时，接触器 KM_1 线圈得电并自锁，其主触头闭合。由于 KM_1 的主触头闭合，它的辅助动合触头（用于顺序控制的）也闭合。这样 KM_1 辅助动合触头的闭合为接触器 KM_2 线圈的通电提供了条件，因为 KM_2 线圈的回路中串联了 KM_1 的这个辅助动合触头。只有当 KM_1 完全吸合后，

KM_2 才有可能吸合，这就确保了电动机 M_1 先启动，之后电动机 M_2 才启动。

如果需要停止，操作人员可以通过按动停止按钮 SB_2 或 SB_1 来实现。操作人员按下 SB_2 时，只会使接触器 KM_2 线圈失电，从而使电动机 M_2 停止，而电动机 M_1 仍然运行。操作人员如果按下 SB_1，那么 KM_1 和 KM_2 的线圈都会失电，因为 SB_1 与 KM_1 线圈串联。这将导致电动机 M_1 和 M_2 同时停止。通过这种方式控制电路确保了电动机的顺序启动和停止，操作人员可以对两台电动机的运行进行精确地控制。

图2-8（c）的电路设计不仅实现了顺序启动控制，也提供了逆序停车功能。在这个控制电路中，接触器 KM_1 和 KM_2 的线圈分别控制两个电动机 M_1 和 M_2 的启动和停止。接触器 KM_2 的动合触头并联在停止按钮 SB_1 的动断触头两端，这一设计确保了逆序停车的逻辑。

当电路启动时，首先电动机 M_1 通过接触器 KM_1 的控制启动，然后 KM_1 辅助动合触头的闭合为 KM_2 线圈的通电提供路径，从而启动电动机 M_2。

当需要停止所有电动机时，操作人员可以操作停止按钮 SB_1。由于 KM_2 的动合触头并联在 SB_1 的动断触头两端，KM_2 线圈必须首先断电，电动机 M_2 停止后，操作人员操作 SB_1 才能导致 KM_1 线圈断电，从而使电动机 M_1 停止。这就实现了逆序停车控制，即 M_2 先停，M_1 后停。

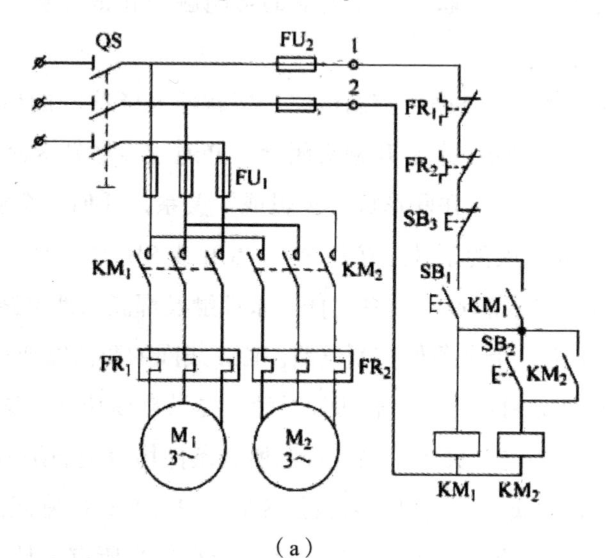

（a）

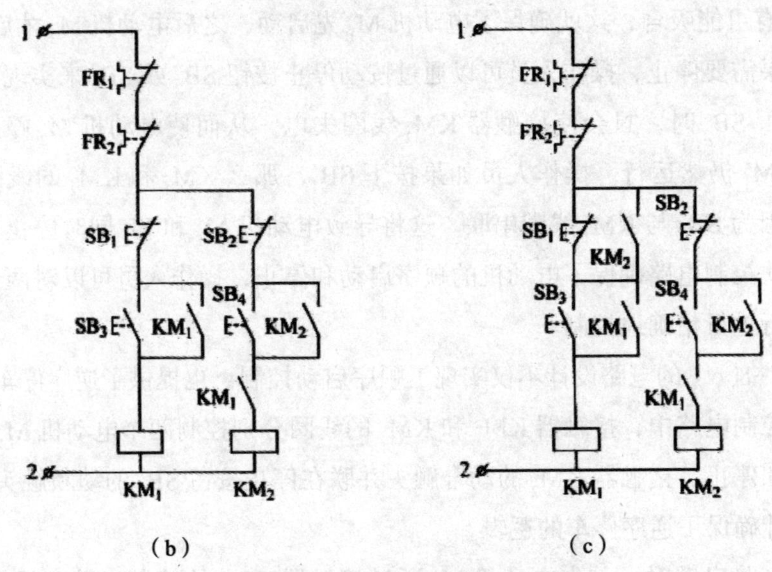

图 2-8　控制电路的顺序控制

5. 多点控制电路

在大型设备上，为了操作方便，操作人员常需要能在多地点对电路进行控制操作。在某些机械设备上，设备需要满足多个条件才能开始工作。这样的控制要求可通过在电路中串联或并联电器的常闭触头和常开触头来实现，如图 2-9 所示。

图 2-9（a）为多地点操作控制电路。接触器 KM 线圈的启动条件是按钮 SB_2、SB_3 或 SB_4 中的任一个常开触头闭合，并通过接触器 KM 辅助常开触头实现自锁。这些常开触头并联形成“逻辑或”关系，任何一个满足即可通电。而切断接触器 KM 线圈的条件是按钮 SB_1、SB_5 或 SB_6 中的任一个常闭触头打开，它们串联构成“逻辑或”关系，任一条件触发都能切断电路。

图 2-9（b）为一个多条件控制电路。KM 线圈的激活需要按钮 SB_4、SB_5、SB_6 的常开触头全部闭合，KM 辅助常开触头提供自锁功能。这些常开触头串联起来形成了“逻辑与”关系，当且仅当所有条件均得到满足时，电路才会接通。另一方面，KM 线圈的断开需要按钮 SB_1、SB_2、SB_3 的常闭触头全部开启。这些常闭触头并联形成了“逻辑与”关系，当且仅当所有条件均得到满足时，

电路才会切断。

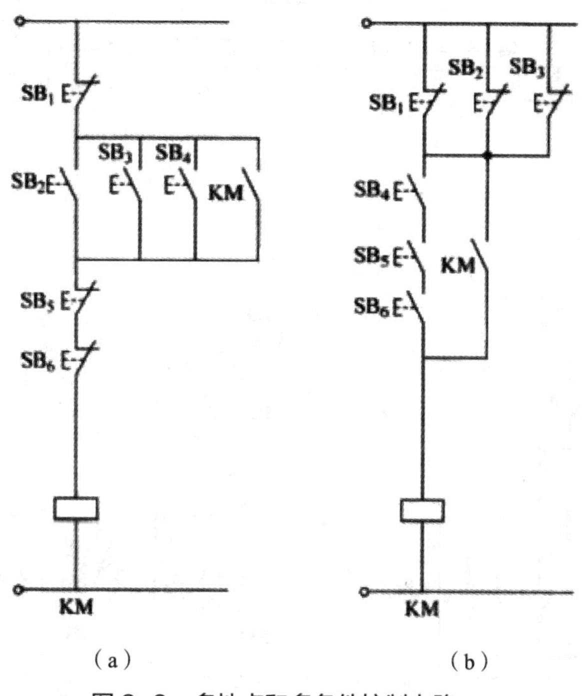

图 2-9　多地点和多条件控制电路

6. 自动循环控制电路

机械设备，如机床的工作台、高炉的加料设备等，均需在一定的距离内能自动往复不断循环，以实现所要求的运动。图 2-10 是机床工作台往返循环的控制电路，它实质上是用行程开关来自动实现电动机正转、反转的。在组合机床、铣床等设备上，工作台经常采用此电路实现其往返循环运动。为了反映工作台的加工行程，即从起点到终点的移动距离，图中的行程开关应放置在机床床身的特定位置。当工作台移动到特定位置时，撞块会触压行程开关，导致该开关的常开触头闭合，而常闭触头则打开。这种机械触发方式替代人工手动按操作按钮，确保在工作台移动到预定的行程起点或终点时，能够自动响应并改变其运动状态，从而实现精确的往返循环控制。

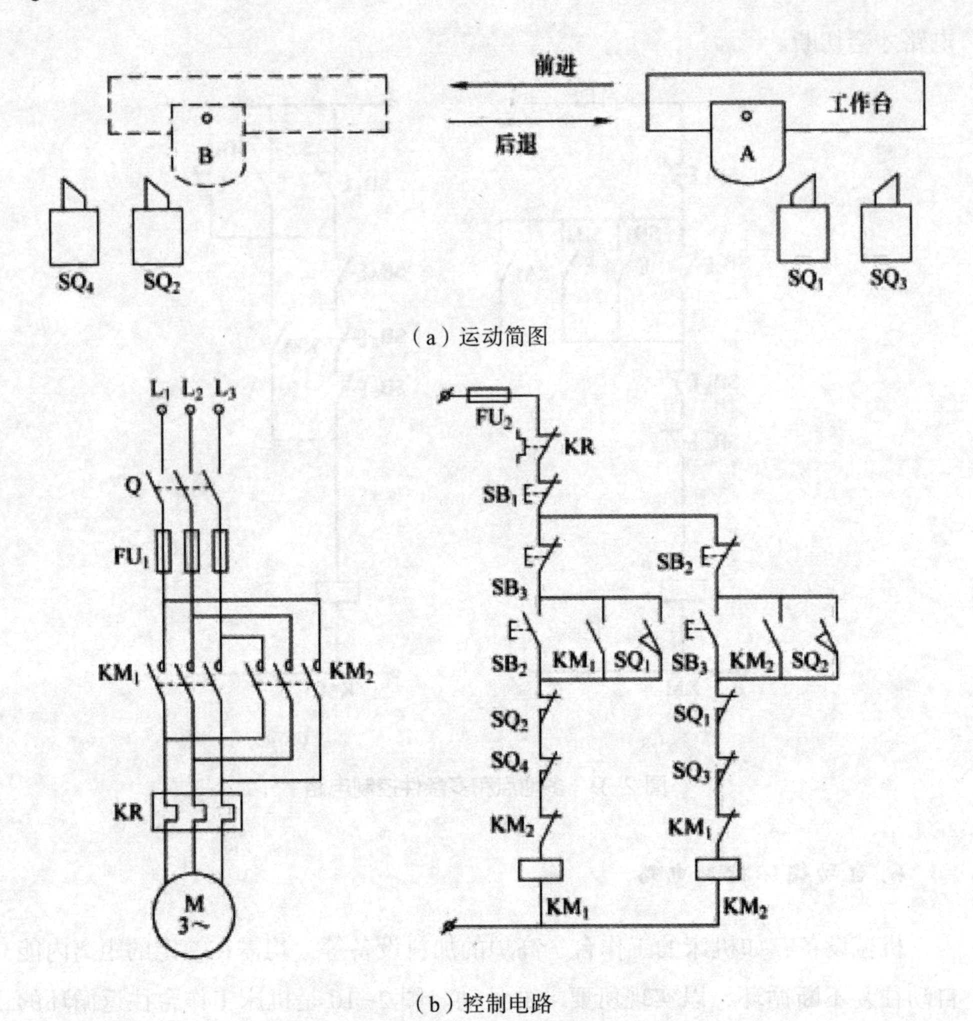

（a）运动简图

（b）控制电路

图 2-10　机床工作台往返循环控制电路

操作人员开启电源开关 Q 后，如果按下正向启动按钮 SB_2，接触器 KM_1 会通电并自动锁定。随后，电动机开始正转，推动工作台向前移动。当工作台移动到 SQ_2 指定位置时，SQ_2 的常闭触头会被打开，导致 KM_1 线圈失电，从而切断电动机电源。同时，SQ_2 的常开触头闭合，这为 KM_2 线圈提供了电源，使电动机反转，导致工作台开始后退。然而，当工作台移动到 SQ_1 位置并触发相应撞块时，KM_2 线圈会断电，而 KM_1 线圈再次得电，这使电动机再次正转并推动工作台向前。这个过程可以持续循环，实现工作台的往复运动。

SB_1 是停止按钮，而 SB_2 和 SB_3 是两个不同方向的复合起动按钮，使用它们可以实现在不按停止按钮的情况下直接改变工作台的运动方向。限位开关 SQ_3 和 SQ_4 被安置在工作台的极限位置。如果因为某些原因，工作台在达到 SQ_1 或 SQ_2 时没有断开 KM_2 或 KM_1 的电路，它会继续移动。当工作台触及极限位置并压下 SQ_3 或 SQ_4 时，控制电路会被彻底断开，使电动机停止运行，从而防止因超出允许位置而可能引发的事故。所以，SQ_3 和 SQ_4 具有保护工作台的重要功能。

通过使用行程开关实现的基于机床运动部分或机械部件位置变化来进行的控制，叫作按行程原则的自动控制。这种控制方法是根据行程的原则来自动控制机械动作。按行程原则的自动控制在机床及其自动生产线中是应用非常普遍的一种控制策略，因其准确性和实用性，被广大制造商广泛采用。

2.1.3 三相异步电动机的减压起动

在起动电动机时，电动机定子绕组上的电压首先会减小，并在起动后逐渐将其调整到额定值，保证电动机在正常电压下工作。电动机的电枢电流与电压成正比，降低启动电压可以有效地减少初始电流，避免引起电路中的大电压降。这样做减轻起动时对整个电路系统电压的冲击和影响，从而保障系统的稳定性和安全性。

实现减压起动的方法有很多种，如星形－三角形变换减压起动、定子串接电阻起动、自耦变压器减压起动、转子串接电阻起动等。这些方法确保电动机在起动时不产生大电流，从而起到保护电路的效果。

1. 笼型异步电动机的星形－三角形变换减压起动控制电路

笼型异步电动机在正常运行时采用三角形联结，而为了限制起动电流，三相笼型异步电动机采用星形－三角形变换减压起动方法。起始，定子绕组为星形联结；当转速接近额定值时，改为三角形联结，进入全电压运行。4 kW 以上的电动机通常使用三角形联结。故都可以采用星形－三角形变换减压起动方法，如图 2-11 所示。

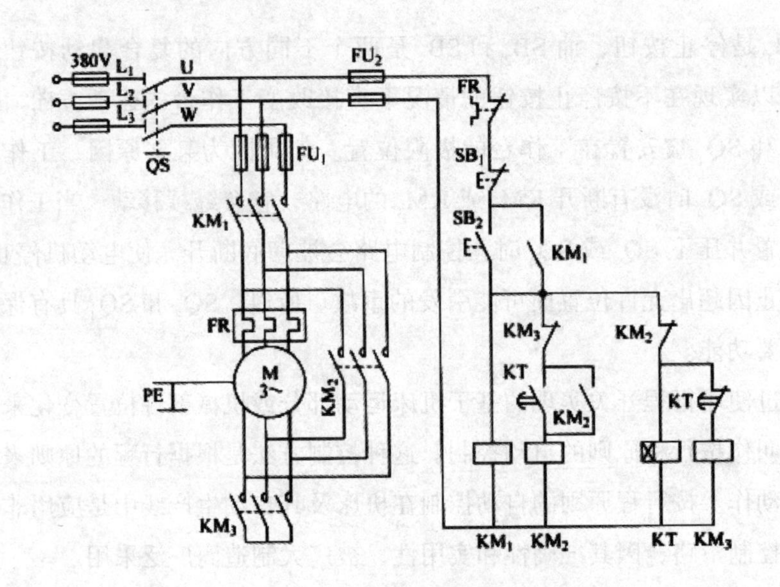

图 2–11 星形–三角形变换减压起动控制电路

图 2–11 中各电气元件工作顺序见图 2–12。

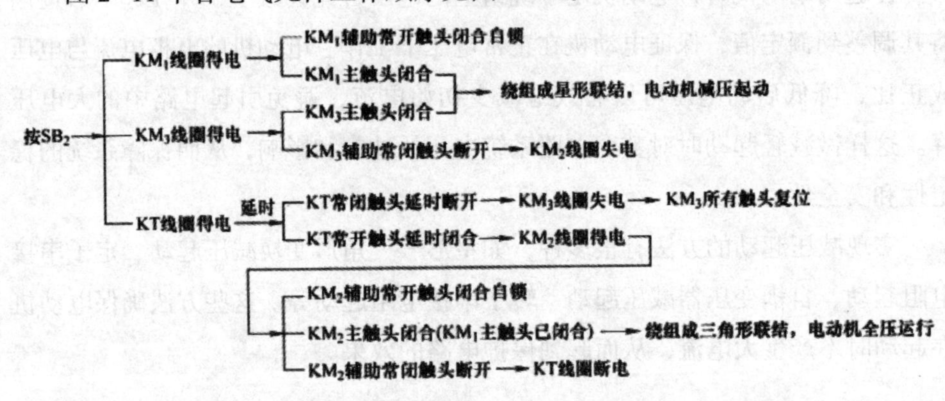

图 2–12 各电气元件工作顺序

2. 定子串接电阻起动控制电路

电动机定子串接电阻在起动时，在三相定子中加入串联电阻进行分压，从而降低施加在定子上的电压。一旦电动机启动，这些电阻会被短路，这样可以使电动机在全电压下正常运行。这种启动方法不受接线方式的约束，结构简洁，特别适用于中小型生产机械。对于需要进行点动控制的电动机，串接电阻可以有效地限制启动时的电流，确保电动机的平稳启动和安全运行。图 2-13 为定子串接电阻起动控制电路，工作过程中各电气元件动作顺序见图 2-14。

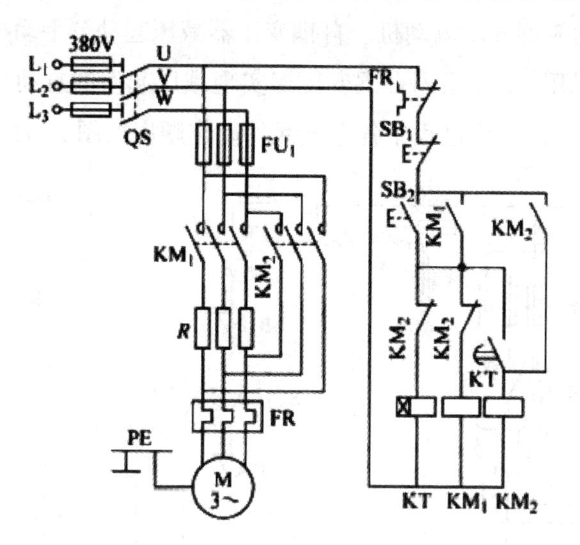

图 2-13　定子串接电阻起动控制电路

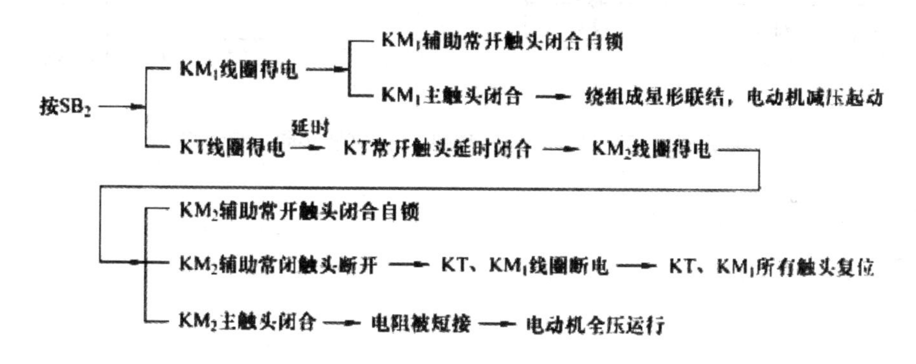

图 2-14　定子串接电阻起动控制电路各电气元件工作顺序

3. 自耦变压器减压起动控制电路

在自耦变压器减压起动控制电路中，电动机起动电流的限制是靠自耦变压器减压实现的。电路的设计思想和串联电阻起动电路基本相同，也是采用时间继电器完成电动机由起动到正常运行的自动切换，所不同的是起动时串接自耦变压器，起动结束时自动将其切除。

自耦变压器减压起动起动时对电网的电流冲击小，功率损耗小。这种方式主要用于负载容量大、正常运行时定子采用星形联结而不能采用星形 - 三角形变换减压起动的笼型异步电动机。自耦变压器减压起动分手动控制和自动控制两种。工厂常采用 XJ01 系列自耦变压器实现减压起动的自动控制，其控制电路如图 2–15 所示，工作过程中各电气元件动作顺序如图 2–16 所示。

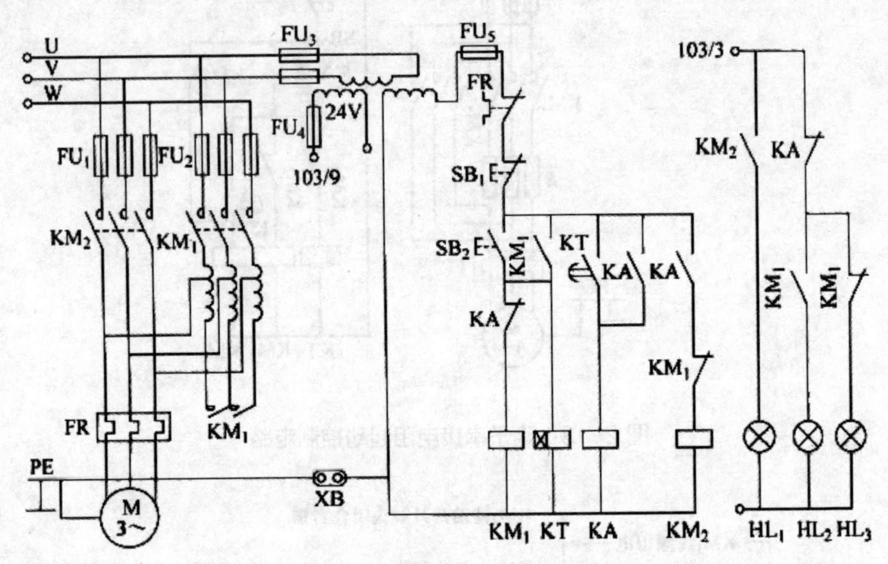

图 2–15　定子绕组串联自耦变压器减压起动控制电路

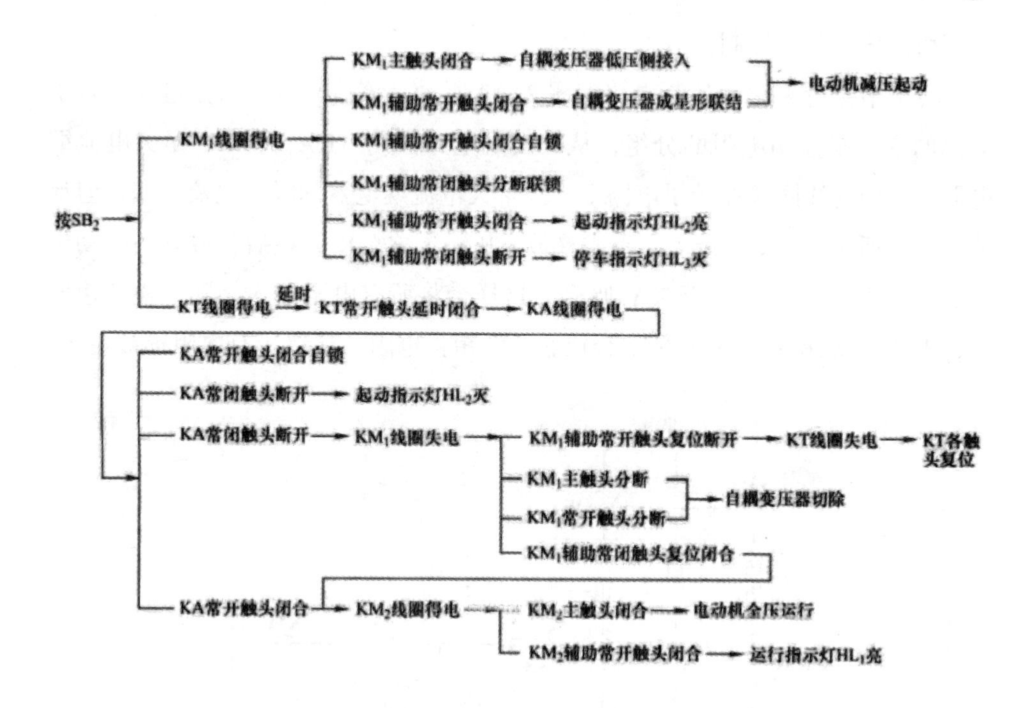

图 2-16　电子绕组串联自耦变压器减压起动控制电路各电气元件工作顺序

4. 绕线式转子异步电动机转子串接电阻起动控制电路

在大、中容量电动机的重载起动时，增大起动转矩和限制起动电流两者之间的矛盾十分突出。三相绕线式转子电动机可以在转子中串接电阻或串接频敏变阻器进行起动，由此达到减小起动电流，提高转子电路的功率品质因数和增加起动转矩的目的。在需要高起动转矩的场合，如桥式起重机和卷扬机，绕线式转子异步电动机得到了广泛应用。

转子起动时会串接电阻进行控制。这些起动电阻通常以星形配置接入三相转子电路。在启动前，全部的起动电阻都接入。而在启动过程，这些电阻逐渐被短接。短接方式有两种：一种是不平衡短接（即按顺序逐一短接每相的电阻），另一种是平衡短接（三相的电阻同时被短接）。当使用凸轮控制器时，操作人员一般选用平衡短接法，因为这种控制器的触头闭合顺序基于不平衡短接设计，从而使控制电路简化。例如，桥式起重机采取的就是这种控制策略。操作人员使用接触器短接电阻时宜采用平衡短接法。下面介绍使用接触器控制的平衡短接法起动控制。

转子串接电阻起动控制电路如图 2-17 所示。该控制电路根据电动机转子电流的变化来控制电阻的分组，从而实现电路控制。KA_1 ～ KA_3 是欠电流继电器，它们的线圈接在转子电路上。三个欠电流继电器的吸合电流相同，但释放电流有所不同：KA_1 最大，首先释放，KA_2 次之，KA_3 最后释放。当电动机启动时，大电流使 KA_1 至 KA_3 吸合，这样会将所有电阻接入。随电机转速增加，电流降低，KA_1 ～ KA_3 依次释放，逐个短接电阻，最终所有电阻都被短接。

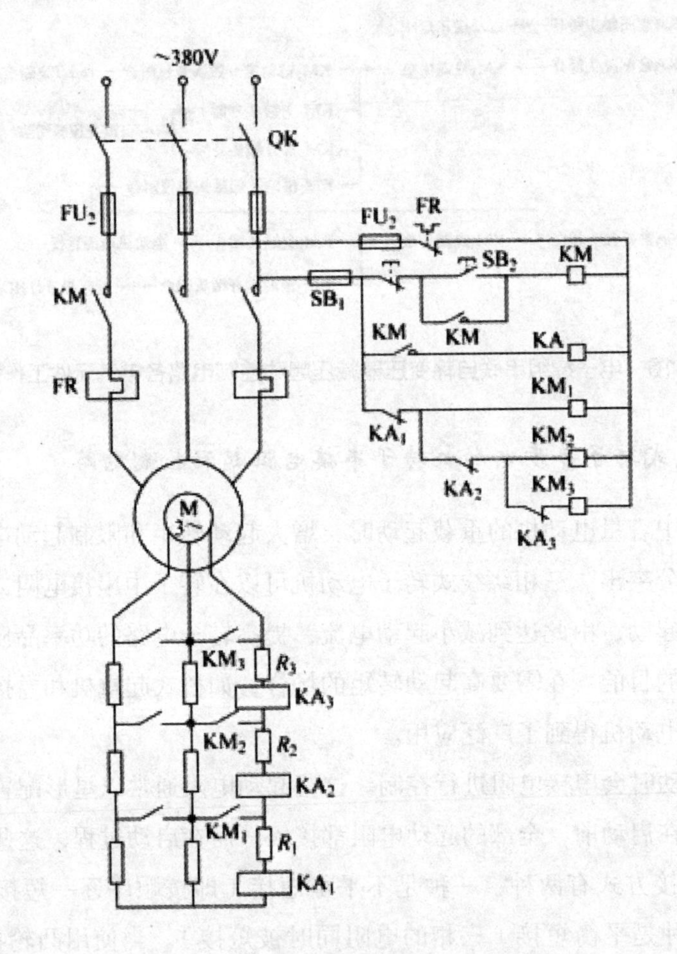

图 2-17　转子串接电阻起动控制电路

当开关 QK 闭合并按下 SB_2 时，电动机 M 通过所有电阻 R 减压启动，并给接触器 KM 通电。中间继电器 KA 也通电，预备接触器 KM_1 至 KM_3 的动作。

电机转速增加，起动电流逐渐减少。首先，KA_1 动作，接着，由于 KA_2 的常闭触头闭合，KM_2 得电并短接第一级电阻 R_1。接着，KA_2 动作，KM_2 得电并进一步短接第二级电阻 R_2。最后，KA_3 动作，其常闭触头闭合，KM_3 得电，转子电路中的 KM_3 常开触头也闭合，从而短接最后的电阻 R_3。这标志着电动机的整个起动过程完成。

2.1.4 三相异步电动机的制动控制

1. 电压反接制动控制电路

电压反接制动控制电路通过调整电动机三相电源的连接方式，使定子产生的旋转磁场与转子旋转方向冲突，达到迅速制动的效果。这种制动能快速减少电机转速，但为避免电机反向启动，当转速接近零时要立即断开三相电源。系统使用速度继电器来监测电机的转速变化，并将速度继电器调整在 n>120 r/min 时速度继电器触点动作，而当 n<100 r/min 时触点复位。

图 2-18 为电压反接制动控制电路。图中，KM_1 为单向旋转接触器，KM_2 为反接制动接触器，KS 为速度继电器，R 为反接制动电阻。其工作过程如下。操作人员合上电源开关 Q，按下起动按钮 SB_2，使 KM_1 线圈通电并自锁，电动机 M 起动运转。当转速升高后，速度继电器的动合触点 KS 闭合，为反接制动做准备。停车时，操作人员按下停止复合按钮 SB_1，使 KM_1 线圈断电，同时 KM_2 线圈通电并自锁，电动机反接制动。当电动机转速迅速降低到接近零时，速度继电器 KS 的动合触点断开，KM_2 线圈断电，制动结束。

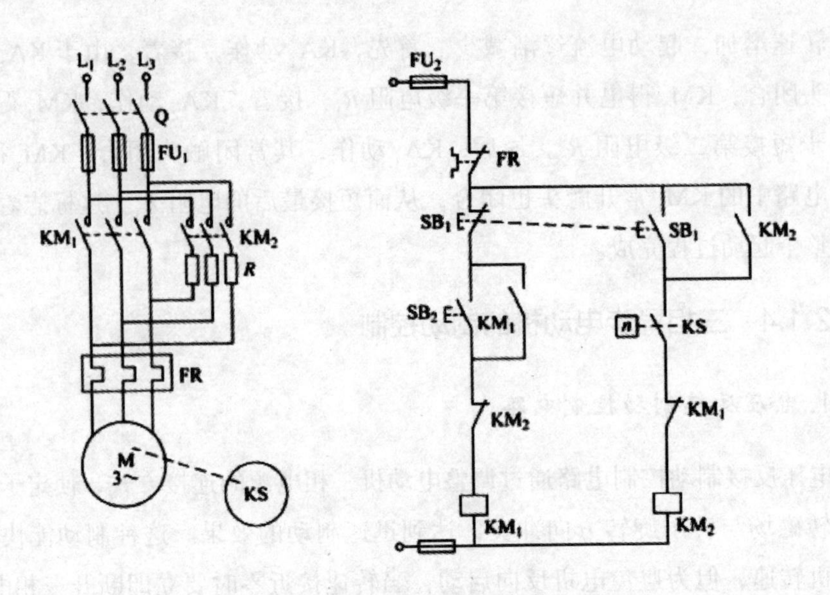

图 2-18　电压反接制动控制电路

反接制动时，因为制动电流很大，所以制动效果显著，但在制动过程中有机械冲击，故该电路适用于不频繁制动、电动机容量不大的设备，如铣床、镗床的主轴制动。

2. **能耗制动的自动控制电路**

能耗制动是在电动机切断三相交流电后，给定子绕组加直流电形成静止磁场来制动旋转，当转子转速接近零时，再断开直流电达到制动效果。

能耗制动控制电路如图 2-19 所示。其工作过程如下。操作人员合上开关 Q 并按下起动按钮 SB_2，这时电动机 M 启动并由 KM_1 线圈控制。要停机时，操作人员按下 SB_1 按钮，断开 KM_1 线圈电源，使电动机停止。随后，KM_2 和 KT 线圈通电，通过两相定子与直流电源连接进行能耗制动。当电动机转速接近零时，KT 的延时常闭触点断开，导致 KM_2 和 KT 相继断电，完成制动过程。

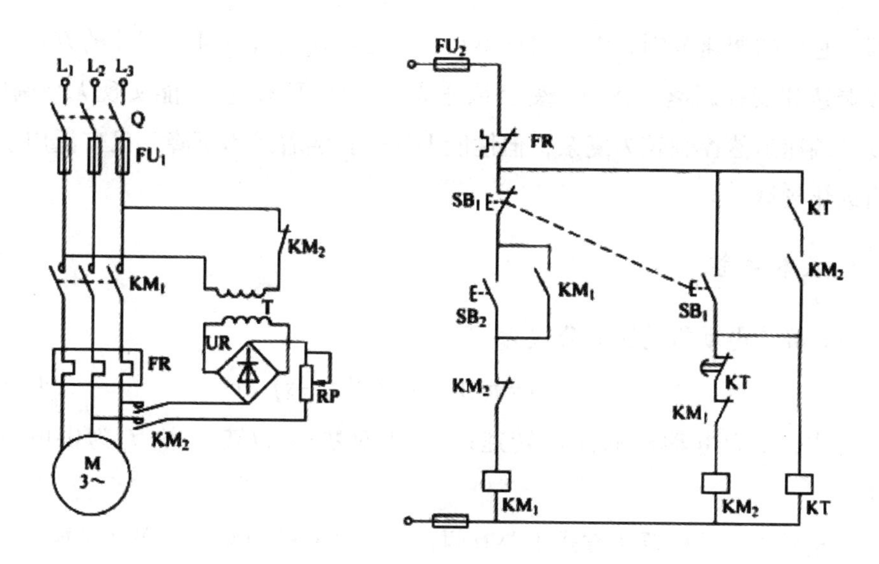

图 2-19 能耗制动控制电路

能耗制动效果受直流电流大小和电动机转速的双重影响，在固定的转速条件下，当通入的直流电流更大时，制动的时间相对更短。但是，电流的选择并不是越大越好。通常，人们选择的直流电流大约是电动机空载电流的 3 到 4 倍，这是一个经验值。人们如果选择的电流过大，会有一个不良的后果，那就是电动机的定子可能会因为过高的电流而过热，这是人们不希望看到的。为了确保人们可以灵活地调节制动电流，直流电源中会串接一个电阻 RP，这样人们就可以根据需要来调节制动电流，确保既能满足制动需求，又不会对电动机造成损害。

能耗制动在应用中展现出多个优势，如制动的准确性、平稳性，以及较小的能量消耗，而且，其制动转矩不是很大。因此，这种制动方式特别适用于那些需要确保制动平稳和准确的设备中，例如磨床和组合机床的主轴制动系统。

2.1.5 三相异步电动机的调速

三相异步电动机的无级调速能够促进自动化控制、节约能源并提升产品质量与生产效率，其广泛应用于很多领域，例如钢铁行业的轧钢机、鼓风机，以及机床行业的车床和机械加工中心。电动机调速从广义上分为两类。一是结合定速电动机与变速联轴节的调速方式，如机械或油压变速器，以及电磁转差离合器，它们的调速范围有限，效率不高；二是电动机自身可以调速的方式，如变极调速和变频调速。其中，变极调速成本低且简单，但不能实现无级调速。而变频调速虽然控制较为复杂，但性能上佳，且随着成本下降，已广泛用于工业自动化领域。

1. 基本概念

三相异步电动机的转速公式为

$$n = n_0(1-s) = 60(f_1 - s) / p \tag{2-1}$$

式中，n_0为电动机的同步转速；p 为极对数；s 为转差率；f_1 为供电电源频率。

三相异步电动机调速方式主要有两种。一是变极调速，改变极对数；二是变频调速，调整供电频率。

2. 变极调速

变极调速通过改变电动机绕组的连接方式实现调速，双速电动机具有一套定子绕组，而三速和四速电动机则配备两套绕组。这些电动机通过接触器触头来改变绕组连接，达到调速效果。

电动机变极采用电流反向法。下面以电动机单相绕组为例说明变极原理。图 2-20（a）为极数等于 4（p=2）时的一相绕组的展开图，绕组由相同的两部分串联而成，两部分各称为半相绕组，一个半相绕组的末端 X_1 与另一个半相绕组的首端 A_2 相连接。图 2-20（b）为二极绕组的并联联结方式展开图，则磁极数目减少一半，由 4 极变成 2（p=1）极。从图 2-20（a）、图 2-20（b）可以看出，当两个半相绕组串联，电流方向都是从首端至末端。并联时，它们电流方向互相反向。操作人员通过调整这些绕组的电流方向，可以实现磁极数目的改变。

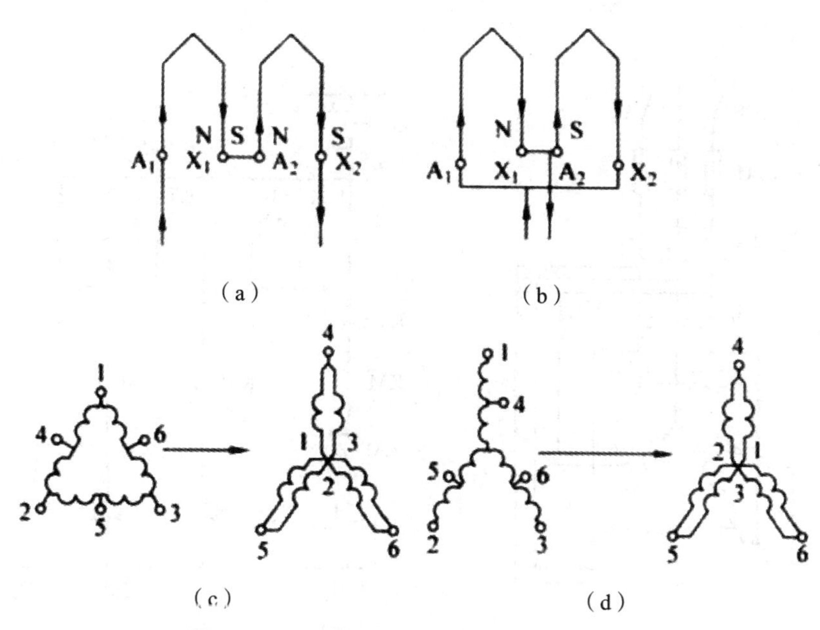

图 2-20 双速电动机改变极对数的原理

图 2-20（c）和图 2-20（d）为双速电动机三相绕组联结。图 2-20（c）为三角形（四极、低速）- 双星形（二极、高速）联结；图 2-20（d）为星形（四极、低速）- 双星形（二极、高速）联结。

双速电动机调速控制电路如图 2-21 所示。在图中，接触器 KM_1 使电动机以低速运行，而接触器 KM_2 和接触器 KM_3 则实现高速运行。操作人员按下低速起动按钮 SB_2，电动机以三角形连接并低速启动。操作人员按下高速起动按钮 SB_3，电动机首先以低速启动，随后通过时间继电器 KT 的延时功能，接触器 KM_1 断电，接触器 KM_2 和接触器 KM_3 接通并自锁，使电动机转为高速运行。此设计的目标是限制起动时的电流，先采用低速启动再切换到高速运行。

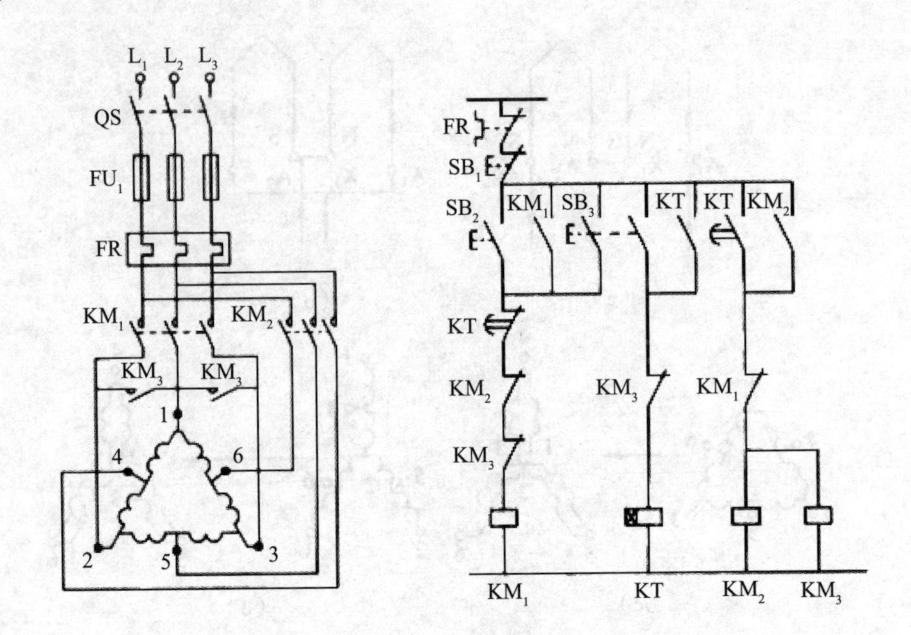

图 2-21　双速电动机调速控制电路

双速电动机调速具有很好的适应性，能够满足各种负载需求。例如，当需要恒定的功率输出时，操作人员可以采用三角形 - 双星形联结，而在需要恒定的转矩调速时，操作人员可以选择星形 - 双星形联结。这种调速方式的电路设计简洁，易于维护。双速电动机的成本较高，且它依赖有极调速方式，为了扩展其调速范围，变极调速常常需要与机械变速结合使用。

3. 变频调速

变频调速是一种通过调整电源的频率来改变电动机的同步转速的方法。为了达到调速目的，变频调速经常使用变频器。这种设备提供两大核心的控制策略：开环控制与闭环控制。在开环模式下，电压 / 频率（voltage/frequency, V/F）控制是一种普遍采用的技术；而闭环模式中，矢量控制得到了广泛应用。这两种不同的控制策略为电动机提供了不同的性能与应用选择。

（1）V/F 控制。异步电动机的运转速度受电源频率和极对数的影响。当改变频率来调速时，电动机的内部阻抗也会随之变化。仅仅通过改变频率可能导致弱励磁造成的转矩不足和过励磁引起的磁饱和，这些都可能降低电动机的功率因数和效率。因此，在改变频率时，操作人员必须综合考虑这些因素，以确保电动机的正常和高效运行。

V/F 控制方法是一种调速控制策略，它在调整频率时同步地改变变频器的输出电压，确保电动机内部的磁通量始终保持恒定。这种同步调整可以确保在广泛的调速范围内，电动机的功率因数和效率不会降低。此控制方法的核心思想是维持电压和频率的比值恒定，因此得名为 V/F 控制。

V/F 控制是变频器的一种简单调速方法，广泛应用于通用变频器和各种机械如风机、泵，以实现节能运行。它也用于生产线的工作台传动和家用电器如空调中。

（2）矢量控制。直流电动机采用电枢电流控制策略，为其所组成的传动系统带来很不错的调速控制性能。矢量控制继承了这种思想，并应用在交流异步电动机上，使其实现与直流电动机相似的出色控制性能，矢量控制的核心思路在于对供应给异步电动机的定子电流进行分析和处理。理论上，这种电流被分为两个主要部分。一部分是产生磁场的电流，被称为磁场电流；另一部分电流与磁场垂直，负责产生转矩，称为转矩电流。这种控制策略精准地调节了电动机的性能。在直流电动机中，磁场电流和电枢电流是分开供电的，通过整流子和电刷实现机械换向，确保两者垂直关系。而对于异步电动机，其定子电流可以利用电磁感应作用，将电气分解为磁场电流与垂直转矩电流。

直流电动机的磁场电流和电枢电流是分开供电的，这两个电流通过换向器和电刷实现机械换向，确保两者垂直关系。异步电动机的定子电流可以分解为磁场电流和转矩电流，二者是互相垂直的。这种分解与直流电动机的磁场电流和电枢电流类似。

2.1.6 电气控制系统的保护环节

电气保护环节用于保障长期工作条件下电气设备与操作人员的安全，是所有电气控制系统中不可缺少的环节。常用的电气保护环节有短路保护、过电流保护、过载保护、电压保护和超速保护等。

1. 短路保护

当电气控制电路中的电器或配线出现绝缘损坏、接线错误或负载短路时，电路可能发生短路故障。此时，电流会瞬间增大到额定值的很多倍，电路可能产生电弧或电火花，导致设备损坏甚至火灾。为了快速应对短路，电路中通常串接有熔断器或低压断路器，其动作电流设置为电动机起动电流的1.2倍，以确保在故障时迅速切断电源。

2. 过电流保护

过电流是指电动机或电器元件运行时电流超出其额定值，但过电流一般小于短路电流，其小于6倍额定电流。这种情况比短路更常见，尤其在电动机频繁启动或正反转时。如果在达到最大允许温升前电流恢复，电器还可正常工作。但过电流的冲击电流可能损伤电动机，产生的大转矩也可能破坏机械部件，所以需及时切电。

过电流保护常用过电流继电器来实现。过电流继电器线圈与被保护电路串联，当电流超出整定值时，继电器动作，导致其动断触头中的接触器线圈断电。接着，操作人员通过主电路的接触器主触头切断电动机电源。

3. 过载保护

过载是指电动机在运行时的电流大于额定电流，但小于1.5倍的额定电流。这种情况是过电流范畴的一个子集，当电动机持续处于过载状态时，其绕组可能会产生过高的温升，这有可能导致绝缘材料加速老化甚至损坏。为了保护电动机，操作人员需要设置一个过载保护措施，这种保护措施需要确保在短时间内的过载或短路时不会立即动作。为此，操作人员通常选用热继电器作为电动机的过载保护元件。

当电流强度超过额定电流的6倍流经热继电器时，该继电器需要大约5秒才能响应。但这种情况下，热继电器的加热元件可能会在其动作之前先受损或烧坏。因此，仅依赖热继电器作为过载保护可能是不够的。为了确保系统的安全，操作人员当使用热继电器进行过载保护时，还需要使用其他设备（如熔断器或低压断路器）来提供短路保护。

4. 电压保护

电动机应在额定电压下工作，电压过高、过低或者故障断电都可能造成设备损坏或威胁人身安全，所以操作人员应根据要求设置失电压保护、过电压保护和欠电压保护等环节。

（1）失电压保护。当电动机因电源突然中断而停转时，如果电压恢复，电动机可能会自动启动，这可能损坏机械或导致事故发生。失电压保护就是为了预防这种情况，失电压保护是在电压恢复时防止电动机或电气元件自动工作的保护措施。

在使用接触器和按钮进行起动和停止的控制电路中，该电路已具备失电压保护功能。当电源意外中断，接触器线圈失电，自动释放，使电动机与电源断开。电源恢复后，由于接触器的自锁触头已经断开，电动机不会自动启动。然而，使用不能自动复位的手动开关或行程开关控制的电路，必须使用零电压继电器。这种继电器在电源断电时会自动释放，断开其自锁电路，确保电源恢复时，电动机不会无意中启动。

（2）欠电压保护。当电源电压下降到额定电压的 60% ～ 80% 时，电路存在一个机制可以自动切断电动机电源，使其停止运行，这一机制被称为欠电压保护。为实现这种保护，操作人员除了可以利用接触器内置的按钮控制，还可以使用专门的欠电压继电器来实现这一欠电压保护功能。

操作人员将欠电压继电器的吸合电压整定为 $0.8\ U_N \sim 0.85\ U_N$（U_N 为额定电压，下同）、释放电压整定为 $0.5\ U_N \sim 0.7\ U_N$。欠电压继电器与电源直接连接，并与接触器线圈电路相互作用，如果电源电压下降到下限值以下，欠电压继电器会立即响应，导致接触器线圈失电，从而断开其主触头，从而确保电动机在低电压状态下得到保护。

（3）过电压保护。电磁铁和电磁吸盘等具有大电感的负载，以及直流电磁机构和直流继电器，在其通电或断电时，这些元件都有可能产生较大的感应电动势。这种高的感应电动势，如果不加以控制，可能会对电磁线圈造成损害。为了预防这种可能的损害，并确保电磁设备的正常工作和使用寿命，常规的做法是在电磁线圈的两端并联一定的电阻、电容或二极管等元件。这样，当产生较大的感应电动势时，这些元件可以形成一个放电回路，能够有效地吸收和放出这些感应电动势，从而达到过电压保护的目的。

5. 超速保护

当电源电压过高时，电动机运行时的转速会难以控制，电机容易超速运行。电动机的运行速度超出其规定的允许范围可能会导致设备的损坏或引发安全事故。因此，为确保设备和人员安全，人们应该安装超速保护装置，这种装置能够控制电动机的转速或在必要时及时断开其电源。表 2–1 列出了常用电气保护环节的保护内容及采用的保护元件。

表 2–1 常用电气保护环节的保护内容及采用的保护元件

保护环节名称	故障原因	采用的保护元件
短路保护	电器或配线出现绝缘损坏、接线错误或负载短路	熔断器、低压断路器
过电流保护	电动机频繁启动或正反转	过电流继电器
过载保护	长期过载运行	热继电器与熔断器或低压断路器
电压保护	电源电压突然消失；电源电压突然降低；电源电压突然升高	零电压继电器；欠电压继电器；在电磁线圈的两端并联一定的电阻、电容或二极管等元件
超速保护	电压过高	超速保护装置

2.1.7 电气控制电路的一般设计

1. 保护控制电路工作的安全和可靠性

电气元件的正确连接至关重要。如果电气元件的线圈和触头连接有误，可能导致控制电路的运作不正常，甚至在某些情况下可能引发重大事故。确保连接的准确性是预防事故的关键。

（1）线圈的连接。在交流控制电路中，人们不能串连接入两个接触器线圈，如图 2-22 所示。当两个接触器线圈串联时，即便施加的总电压等于两个接触器线圈的额定电压之和，这种连接也是不被推荐的。这是因为每个接触器线圈上的电压分配与其阻抗直接相关。两个接触器不可能完全同步动作。先启动的接触器会先形成闭合的磁路，导致其阻抗增大，电感显著增长。这意味着该接触器线圈上的电压会增加，而另一未启动的接触器线圈的电压可能无法达到启动要求。这种方式会使电流增大，可能导致线圈烧毁。为了确保两个接触器能同时运作，最好是将它们的线圈并联。

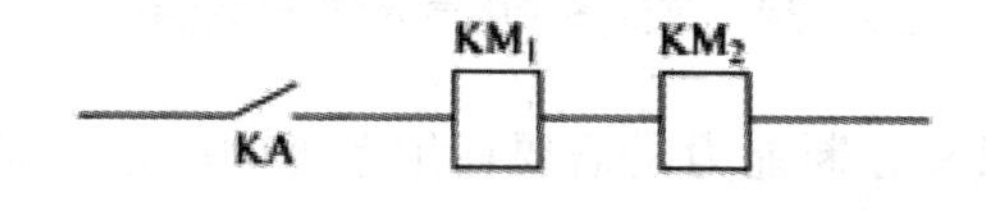

图 2-22　不能串连接人两个接触器线圈

（2）中间继电器触头的连接。一个中间继电器的常开和常闭触头位置相邻，因此它们不能被连接到电源的两个不同相位上。中间继电器触头的不正确连接方式如图 2-23（a）所示，限位开关 SQ 的常开和常闭触头电位不同。当中间继电器触头断裂时，电路可能会生成电弧，这个电弧有可能在两个触头之间形成飞弧，从而有可能导致电源短路的风险。中间继电器触头的正确连接方式如图 2-23（b）所示，此时两触头电位相等，不会造成飞弧而引起电源短路。

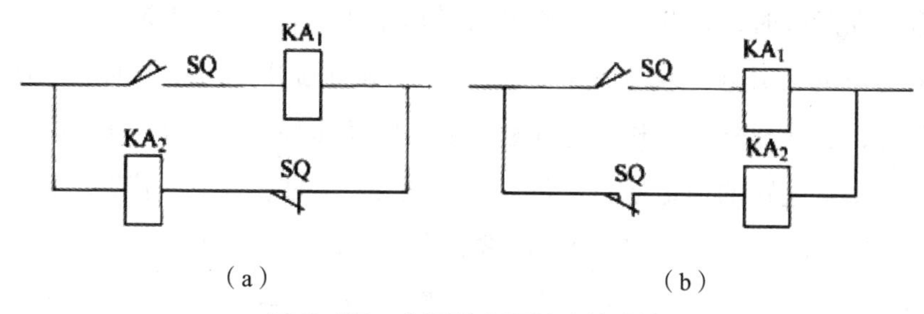

图 2-23　中间继电器触头的连接

电路中应尽量减少多个电气元件依次动作后才能接通另一个电气元件，如图 2-24 所示。在图 2-24（a）中，线圈 KA_3 的接通要经过 KA、KA_1、KA_2 这 3 对常开触头。若改为图 2-24（b）所示的连接，则每一线圈的通电只需经过一对常开触头，工作较可靠。

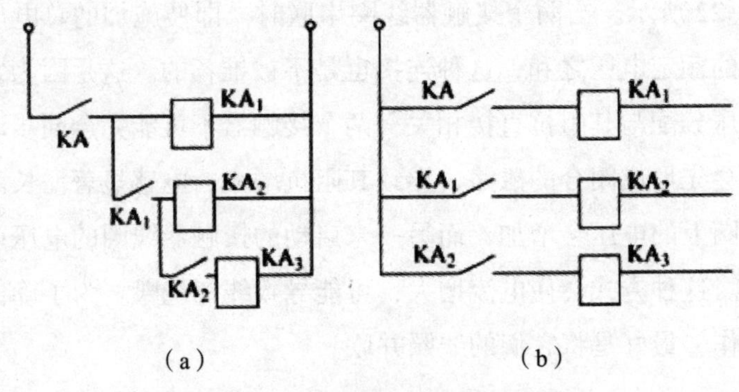

图 2-24　减少多个电气元件一次通电

电器触头的接通和分断能力是需要仔细考虑的因素，如果触头的容量不足，操作人员可以采取一些策略来弥补。一种策略是在电路中加入中间继电器，另一种策略是增加电路中的触头数量。为了增强接通能力，操作人员可以使用多个触头并联的方式连接电路。而为了提高分断能力，操作人员可以采用多个触头串联的方式连接电路。这些方法确保电路的稳定性和安全性。

电气元件的触头存在“竞争”现象。单一继电器内的常开触点和常闭触点分为两种类型：一种是“先断后合”，另一种是“先合后断”。这两种类型在操作时有其独特的顺序。

当通电时，“先断后合”型的继电器的常闭触点会先断开，然后常开触点才闭合，在断电时，常开触点先断开，随后常闭触点闭合。“先合后断”型的继电器通电时常开触点优先闭合，随后常闭触点断开；而断电时，常闭触点优先闭合，后常开触点断开。这种触点之间的动作顺序会产生“竞争”，这种竞争可能影响电路的稳定运行。例如，在图 2-25 的电路中，若继电器 KA 是“先合后断”型，它的自锁功能会正常工作；但若是“先断后合”型，其自锁功能则无法生效。这说明继电器的选择和触点的动作顺序对电路的功能有直接影响。

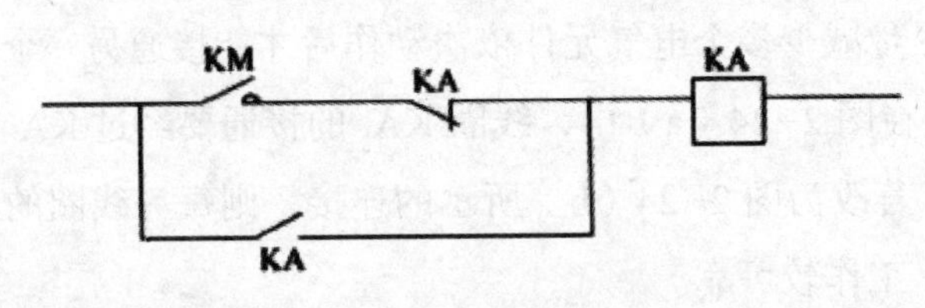

图 2-25　触电“竞争”电路

2. 控制电路力求简单、经济

减少电气元件和触头的使用，不仅可以节约成本，还能降低故障风险，如图 2-26 所示。在此电路设计中，接触器 KA 具有辅助触头 KA_1 和 KA_2。这几个辅助触头并联在一起，共同控制单个接触器 KM 的激活。这种并联使用减少了需要额外接触器的情况，因为单个接触器 KA 通过其两个辅助触头 KA_1 和 KA_2 就可以实现所需的控制功能。这样的配置不仅减少了电路中接触器的总数，也减少了潜在的故障点，从而提高了整个系统的可靠性并降低了成本。电路的维护和故障排查工作也因为元件数量的减少而变得更加简单。简化电路设计不仅可以减少初期的设备投资，还有助于降低长期的运行维护成本。

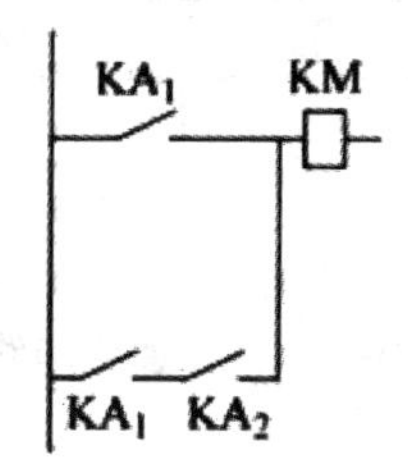

图 2-26　减少触头数目

为了优化电路设计，合理布置元件触头位置是降低导线数量和长度的有效方法。如图 2-27 所示，操作人员将起动按钮 SB_2 和停止按钮 SB_1 集中安置在操作台上，而将接触器 KA_1 和 KM 安放于电气柜内。由于操作台与电气柜之间存在一段距离，操作人员推荐将起动按钮 SB_2 与停止按钮 SB_1 的触头直接相连，从而简化从按钮至接触器的接线，减少了所需的连接线数量。此举不仅简化了接线工作，还可以降低材料成本和提高电气系统的可靠性。

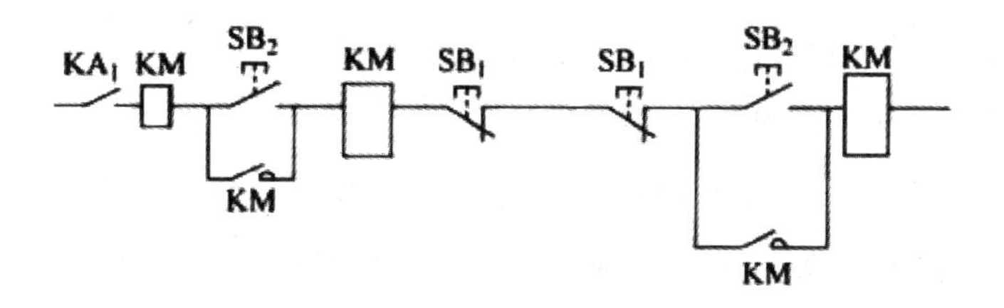

图 2-27　减少连接导线

3. 防止寄生电路

在控制电路中，如果出现非预期的接通电路，这种电路被称为寄生电路。寄生电路可以干扰电路的正常运行并导致误操作。以图 2-28 为例，它展示了一个带有过载保护和指示灯显示功能的可逆电动机控制电路。当电动机正转并发生过载时，热继电器将被触发。但是，如图中虚线所示，会出现一个寄生电路，导致接触器 KM_1、KM_2 无法断电，从而无法实现电路的保护功能。

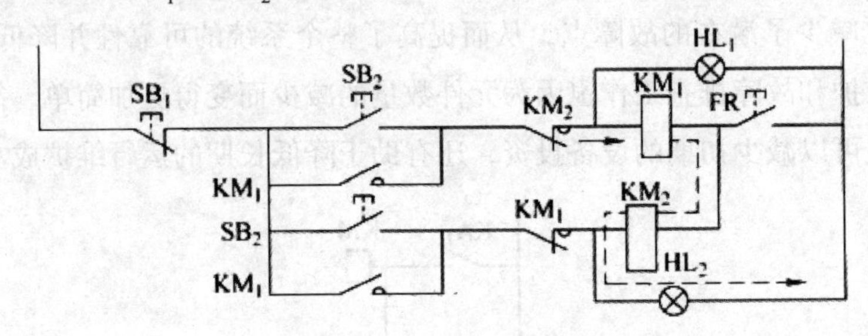

图 2-28 寄生电路

2.2 PLC 概述

PLC 是 20 世纪 60 年代后期由美国科学家开发的电子控制系统，专为工业环境设计。按照国际电工委员会（international electrotechnical commission, IEC）1987 年的定义，PLC 是为工业应用而创造的一种电子设备，具备数字计算功能。PLC 内置可编程存储器，能够执行一系列指令，如逻辑运算、顺序运算和计数等。除此之外，PLC 还能进行算术运算和计时任务。通过其数字输入和输出功能，PLC 可以控制和调整各种机械或生产流程，从而在工业生产中发挥至关重要的作用。

在电气自动化控制技术领域中，PLC 扮演着核心角色，并在该领域有着广泛的应用。PLC 已经成为支持现代电气自动化发展的关键技术和理论基石。

2.2.1 PLC 的产生与发展

随着社会和技术的迅速发展，旧式的继电器控制系统已经无法满足现代发展的需要。现代生产环境迫切要求制造商能够灵活适应市场变化，生产出多种、小批次、高质量且成本低的产品。为满足这些复杂的要求，PLC 这种先进的控制装置应运而生，为现代工业生产提供了关键的技术支持。

在 20 世纪 60 年代末，为应对日益频繁的汽车款式更新，美国通用汽车公司寻求一种创新的解决方案。他们的目标是整合继电器控制系统的简便性、经济性与计算机系统灵活和功能丰富的优势，从而制定一种普遍适用的控制设备。这将有助于降低重复的系统设计、接线工作，减少生产时间并减少生产成本。该设备具有用户友好性，即该设备采用自然语言进行编程。即使对计算机不够熟悉的人员也能迅速掌握其使用方法。

1969 年，应美国通用汽车公司的要求，美国数字设备公司成功研发出了首台 PLC，随即在汽车行业广泛传播。PLC 因其众多优势，如简易的操作、高通用性、出色的可靠性、长久的使用寿命，以及紧凑的体积，很快就被应用于美国其他工业领域。到了 1971 年，它已经在造纸、食品和冶金等多个工业领域得到了应用。微处理器的出现和大规模集成电路技术与数据通信技术的飞速进步进一步推动了 PLC 技术的快速发展。整体上看，PLC 的技术演进可以划分为四大阶段。

1969 年至 1973 年，PLC 进入了其初创阶段。在这个时期，受当时的技术限制，PLC 主要基于小规模集成电路和分立元件构建。它从原先的硬接线顺序控制器转变为无触点的 PLC，相较于传统的继电器控制系统，PLC 更灵活、安全和可靠。其 CPU 由小规模集成电路组成，并采用磁心存储器，主要功能包括计时、逻辑运算、顺序控制和计数。

1974 年至 1977 年，PLC 进入了关键的发展阶段。在此期间，随着集成存储器芯片与 8 bit 单片 CPU 技术的诞生，PLC 得到了显著的发展并逐渐完善，其应用也更为广泛。在这一时期，PLC 的功能（如数据传输、数值运算、模拟量控制与处理等）不仅得到了拓展，而且系统的稳定性也得到了增强。值得注意的是，PLC 在这个阶段已经具备了自我诊断的能力，这进一步提高了其在工业控制中的应用价值。

1978 年至 1983 年，PLC 进入了其关键的成熟阶段。在这个时期，随着 16 bit CPU 的引入到微型计算机、英特尔公司推出的 MCS-51 系列单片机等事件的发生，PLC 迅速向高速、大容量和高性能方向演进。在技术结构上，PLC 不仅整合了大规模集成电路如互补金属氧化物半导体、随机存储器、可擦可编程只读存储器（erasable programmable read-only memory, EPROM）、电擦除可编程只读存储器，还引入了多种微处理器。这些元件的引入显著提高了 PLC 的数据处理速度和功能的丰富性。在功能层面上，PLC 不仅支持基本运算，还增加了如三角函数、列表处理、浮点运算和脉宽调制等高级功能。这一时期的 PLC 不仅初步构建了分布式控制网络，拥有了远程 I/O 和通信功能，而且还采纳了标准化和规范化的编程语言。受益于容错技术与自我诊断功能的进步，PLC 在这个阶段的稳定性也得到了显著增强。

自 1984 年开始，PLC 进入了迅猛发展阶段。在这一阶段，PLC 的存储能力大幅增强，拥有高达 896 K 的存储器，并开始集成 32 bit 微处理器。这时代的分布式控制系统由多台 PLC 与大型电气自动化控制系统结合，形成了与通用计算机兼容的整合体系。PLC 的编程语言也变得多样化，包括流程图、梯形图、初学者通用符号指令代码（beginners' all-purpose symbolic instruction code, BASIC）语言和数控语言等。在人机交互方面，传统的仪表盘被实时阴极射线管显示屏取代，极大地简化了操作和编程流程。PLC 的 I/O 模块不仅进化为配备微处理器的智能模块，而且其 I/O 点数得到扩展，更好地满足了模拟到数字、数字到模拟通信，以及其他特殊功能需求。为了降低成本并节省空间，PLC 制造商也开始生产高密度 I/O 模块。至今，尽管第一代 PLC 因功能有限而鲜少使用，而第四代 PLC 尚未全面普及，但第二代和第三代 PLC 在各行业中仍然得到广泛应用。

2.2.2 PLC 性能

1. 国外 PLC 的性能

全球有众多 PLC 生产企业，这些企业推出的 PLC 产品种类丰富，推出的

PLC 的数量持续增长。PLC 产品的分配情况为：粮食加工占据一定比例，汽车领域则占据了更大的份额，纸浆和造纸、金属及矿山各自占据一部分，而化学药品也占有一定的比例，其余行业则归为其他。如今，PLC 与其他系统如 DCS 和工业个人电脑集成，已在自动化控制市场中占据主导地位。

根据美国国防部可靠性分析中心的数据，全球在 PLC 制造领域中占据主导地位的五大公司是：艾伦 - 布拉德利（Allen−Bradley）、西门子、三菱、施耐德和欧姆龙。这五家公司的销售总额大约占全球市场的销售总额的三分之二，特别是西门子公司，其西门子 S7−400 系列的 PLC 在全球范围内的应用尤为广泛。接下来，笔者将以西门子公司的这一系列产品为代表，详细探讨国外 PLC 技术的当前研究和发展状况。

西门子 S7−400 系列的 PLC 采用了匣式模块设计，这使它可以轻松地卡在导轨上进行固定和安装。其电气连接方式结合了通信总线与 I/O 总线，提供了高效稳定的数据传输能力。这款 PLC 允许用户在设备仍处于工作状态或通电状态时，进行模块的更换、插入或拔出，极大地方便了用户进行快速的组装、维护，以及系统修改。

（1）S7−400 系列 PLC 具有出色的扩展能力，其中央控制器可以连接 21 个扩展单元。

（2）在 CPU 上存在多种接口，这些接口允许它与编程设备和操作人员界面等同时建立连接和交互。

（3）CPU 上具备了集成的分散 I/O 功能，能够支持多种 I/O 操作的并行处理。

（4）该设备提供了专门的连接接口，使其可以与计算机以及西门子公司旗下的其他产品和系统顺畅地进行互联和交互。

（5）CPU 的基本存储容量为 64 KB，但如果需要，它的存储空间可以被扩展至 1.6 MB。

（6）该设备可以在 80 ns 至 200 ms 这个时间范围内完成数据处理任务。

（7）该系统拥有强大的运算实力，因为它最多可以支持 4 个 CPU 的并行处理能力。

（8）该系统具有出色的稳定性，还拥有卓越的自我诊断功能，并能有效的清除和处理故障。

2. **国内 PLC 的性能**

近年来，中国在 PLC 领域进行了深入研究，并成功生产了大量的小型 PLC 和一部分中型 PLC，并且在努力研发更大型的 PLC。这些国产 PLC 不仅是为了满足国内市场的需求，还计划迎合国际出口市场。目前，中国拥有 30 多家 PLC 生产公司。然而，这些公司在国内自动化控制市场的份额仍然较小。2014—2019 年，中国 PLC 的销售额和增长率如图 2-29 所示。目前，中国的 PLC 技术仍处于起步阶段。未来，相关技术人员应不断学习、不断创新，努力提高专业知识及技能水平，争取研发出更多更好的 PLC。

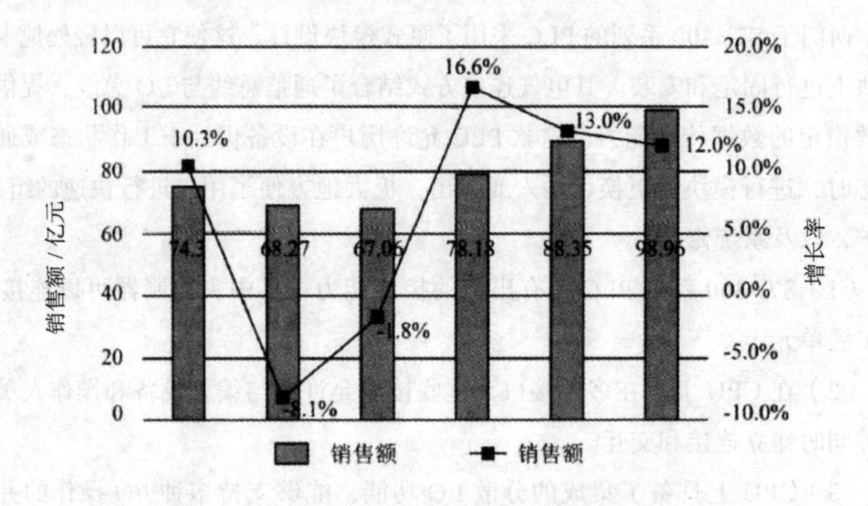

图 2-29　2014—2019 年我国 PLC 销售额及增长率

笔者下面以国内企业生产的中小型 PLC-LE 系列 PLC 为例，介绍国内 PLC 产品的性能。

（1）该设备最多可以支持 20 个本地 I/O 单元或与远程 I/O 单元进行连接和交互。

（2）CPU 模块不仅支持专用存储卡和加密批量下载，还具有优秀的运动和模拟控制功能，允许用户进行功能定制扩展。

（3）该设备提供了各种通信模块，可以支持现场总线通信、无线网络连接，以及工业级的以太网接口功能。

（4）该设备使用了一个 32 bit 的高效嵌入式处理器，为其赋予了出色的计算和处理能力。这使它不仅能进行基础的逻辑控制，还可以进行时序控制、运动控制，以及模拟控制等复杂操作。这款处理器也为用户提供了一个特色功能，那就是支持加密技术的用户自定义功能块，确保了数据和操作的安全性，也给予了用户更多的个性化和定制化的可能性。

（5）该设备使用该公司研发并拥有自主知识产权的 Autothink 组态编程软件。该软件遵循 IEC 61131-3 标准，并提供了网络化的 PLC 工程管理、图形界面配置、在线仿真和调试等功能，为用户和集成商创造了一个用户友好、易于维护且高度兼容的开发环境。

3. PLC 的组成部分、分类及特点

（1）PLC 的组成部分。PLC 包括软件系统和硬件系统，软件系统主要包括 PLC 软件程序和 PLC 编程语言，而硬件系统则由 CPU、储存器，以及 I/O 系统构成。这两大系统共同确保 PLC 的正常运行和功能实现。具体内容如图 2-30 所示。

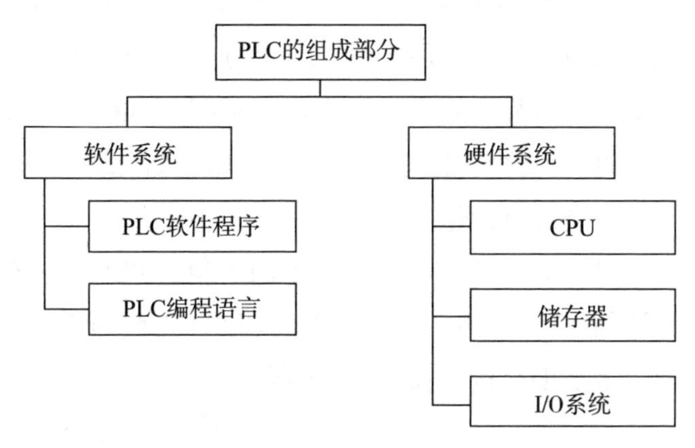

图 2-30 PLC 的组成部分

①软件系统。

a. PLC 软件程序。PLC 的控制功能是通过执行程序实现的。通常情形下，在产品出厂之前，PLC 的系统程序就已经锁定在只读存储器系统程序的储存装置里。

b. PLC 编程语言。PLC 编程语言主要辅助 PLC 软件的操作和执行。PLC

使用编程中的虚拟继电器来模拟实际的继电器动作，通过软件编程逻辑来取代传统的硬布线逻辑，从而达到控制目的。

②硬件结构。

a. CPU。在PLC结构中，CPU起到了至关重要的作用，它可以被比喻为人类的大脑，负责控制整个系统的运行逻辑并执行各种运算。这个CPU主要由两大核心部分构成：控制系统和运算系统。控制系统根据运算得出的结果以及预设的编程逻辑，对生产线进行精确的监控，确保生产过程的流畅和准确。运算系统处理由各个部分收集来的数据，对这些数据进行适当的计算和分析，为控制系统提供必要的数据支持，这两大部分相互协同，共同确保PLC系统的高效、准确运行。

b. 储存器。储存器在PLC中扮演着关键角色，它负责存储系统程序、用户自定义程序，以及各种运算所需的数据。程序储存器是专门存放程序设计的硬件系统。通常，在PLC产品离开工厂之前，它的系统程序已经被预先设置并存放在这个储存器中，以确保其稳定性和可靠性。

c. I/O系统。I/O系统在PLC中负责数据的输入和输出，作为连接系统与现场设备的关键硬件接口。I/O系统接收工业生产和系统的数据，并传送到主机。在主机中，数据会被程序处理。经过运算的结果会被发送至输入模块，随后这些模块会将CPU的指令转化为电气控制系统的执行信号，从而驱动电机、电磁阀和接触器等设备进行操作。

（2）PLC的分类。PLC有多种类型，不同类型的PLC的规格和性能也不尽相同。根据结构形式的不同、功能的不同和I/O点数的不同，人们可以将PLC分为不同的类别，具体内容如图2−31所示。

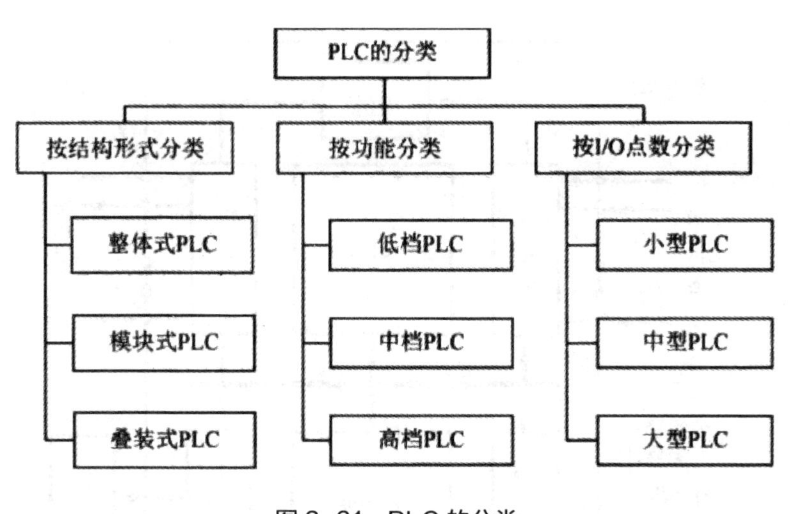

图 2-31　PLC 的分类

①按结构形式分类。按结构形式的不同，PLC 可以分为整体式 PLC、模块式 PLC 和叠装式 PLC。

a. 整体式 PLC。整体式 PLC 是一种特定的 PLC 构造方式，其主要元件，如存储器、CPU、输入单元、输出单元、通信接口、扩展接口，都集成在同一块印刷电路板上。为了进一步实现集成，这块印刷电路板与电源模块一起被封装在统一的机壳中，使整个 PLC 系统成为一个紧凑的整体。这种 PLC 设计的显著特点是重量轻巧、价格低廉、体积小巧和结构紧凑。

在市场上，这种整体式 PLC 通常应用于小型 PLC 中。但这并不意味着其功能有限或不可扩展。事实上，通过将不同的 I/O 点数的基本单元与相应的扩展单元组合，操作人员可以创建各种规模的整体式 PLC 系统。这些基本单元内部装有 CPU、用于与 I/O 扩展单元连接的扩展接口、I/O 端口，以及与 PLC 或 EPROM 通信的接口。扩展单元主要包括 I/O 端口和供电设备。为了确保整体式 PLC 的灵活性和模块化，操作人员通常使用扁平电缆来连接基本单元和扩展单元。除了标准功能外，整体式 PLC 还可以通过添加特殊功能单元，如位置控制单元和模拟量单元，来进一步扩展其功能。整体式 PLC 的组成方框图如图 2-32 所示。

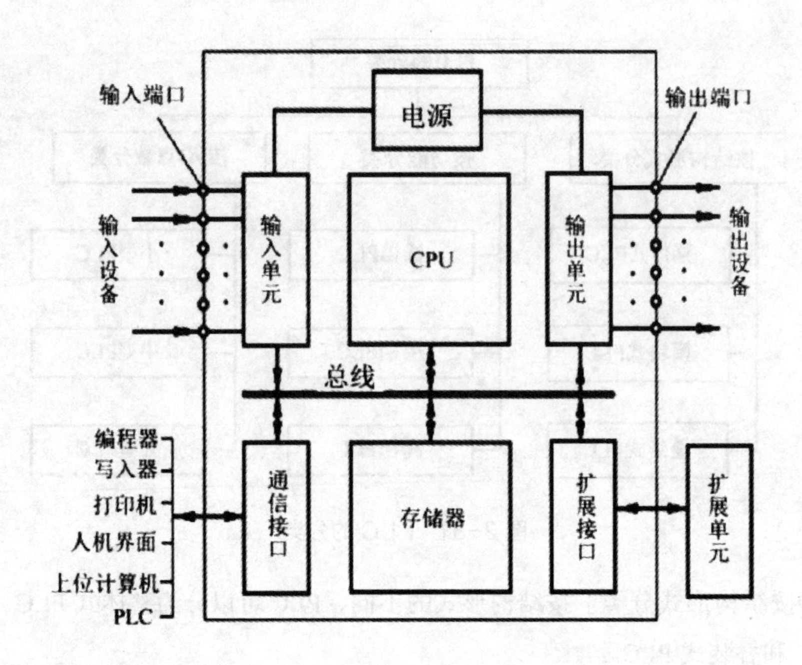

图 2-32　整体式 PLC 的组成方框图

b. 模块式 PLC。模块式 PLC 是将各个组成部分独立制成可插拔的模块，例如通信模块、输入模块、输出模块和 CPU 模块等，这些模块被安装在一个标准尺寸的机架上，这个机架带有多个插槽，整个系统包括机架、多种模块和基板。模块式 PLC 易于扩展、维护和组装，具有高度的灵活性，因此大到中型的 PLC 往往采用这种模块化构造。模块式 PLC 的组成方框图如图 2-33 所示。

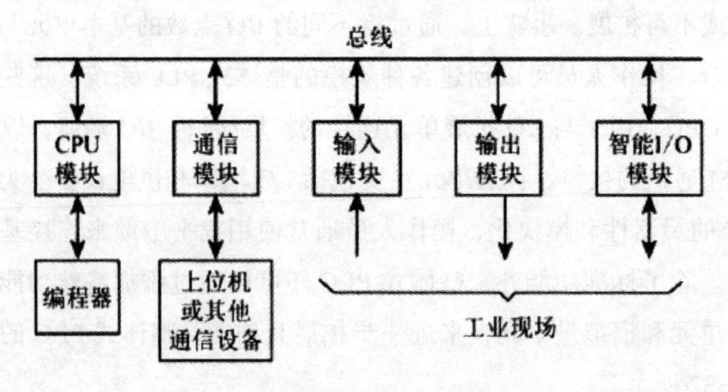

图 2-33　模块式 PLC 的组成方框图

c. 叠装式 PLC。叠装式 PLC 结合了模块式 PLC 和整体式 PLC 的特点，在这种设计中，关键元件如电源、I/O 接口和 CPU 都被制成独立的模块，并通过电缆进行连接。这些模块设计得可以层叠，从而形成一个紧凑的单元。叠装式 PLC 既节省空间，又可以方便地为系统提供灵活的配置。其体积小巧，为工业自动化提供了更为紧凑和灵活的解决方案。

②按功能分类。按功能分类，PLC 可以分为低、中、高三个档次。

a. 低档 PLC。低档 PLC 主要针对基础的自动化任务，其核心功能包括定时、逻辑计算、移位、计数，以及自我诊断和监控。它还具备有限的模拟量 I/O、数据传输、数学运算、数据比较和通信功能。这些特性使低档 PLC 尤其适用于单一机器控制系统，主要负责顺序控制、逻辑控制和简单的模拟量控制任务。这种 PLC 为简单应用场景提供了经济且有效的解决方案。

b. 中档 PLC。中档 PLC 在拥有低档 PLC 所有功能的基础上，进一步增加了数据传输、数据比较、模拟量 I/O、数制转换、算术运算、远程 I/O、通信联网和子程序功能。部分中档 PLC 还加入了比例积分微分（proportional-integral-derivative, PID）控制和中断控制能力。因其丰富和高级的功能，中档 PLC 常被应用于更加复杂的控制系统中。

c. 高档 PLC。高档 PLC 在继承中档 PLC 所有特点的基础上，进一步扩展了其功能集，它增加了带符号的矩阵运算、算术运算、平方根计算，以及其他特定的功能函数处理。它还支持制表、表格传输，以及位逻辑运算等高级功能，其中最显著的特点是其出色的通信和联网能力，使其适合在分布式网络控制系统或大型过程控制中使用。这使高档 PLC 能够与其他设备和系统无缝集成，从而为工业自动化领域构建了一个全面而高效的电气控制系统。

③按 I/O 点数分类。在 PLC 系统中，所有的外部信号输入、对外部设备的控制操作，以及基于 PLC 运算的输出结果都需要通过 PLC 的 I/O 端口进行实际的线路连接。为了描述这一连接能力，人们通常引用一个概念 I/O 点数，I/O 点数实际上是指 PLC 的输入端和输出端端子的总数量。根据 I/O 点数的不同，PLC 可以被划分为三种主要类型：小型、中型和大型。这种分类方式方便选择和应用 PLC，来满足特定的工业自动化需求。

a. 小型 PLC。此类 PLC 的 I/O 点数 <256 点，通常采用单 CPU 配置，并使用 8 bit 或 16 bit 处理器，用户存储器的容量在 4 KB 以下。

b. 中型 PLC。此类 PLC 的 I/O 点数为 256 ～ 2048 点，通常采用双 CPU 配置，并使用 16 bit 处理器，用户存储器的容量在 2 KB ～ 8 KB 之间。

c. 大型 PLC。这类 PLC 的 I/O 点数超过 2048 点，通常采用多个 CPU 配置，并使用 16 bit 或 32 bit 的处理器，用户存储器的容量在 8 KB 到 16 KB 之间，表明它们有很强的处理和存储能力。高性能的 PLC 为各种复杂的工业自动化应用提供了强大的支持。

（3）PLC 的特点。

①通用性强，使用便利。PLC 产品的模块化和系统化发展，使其配有种类较全的各式硬件设备，以方便用户根据自身需要进行选择。用户在选择好硬件设备后，可以对控制程序进行修改，以满足生产工艺的要求。

②功能较强，应用广泛。现代 PLC 拥有丰富的功能，不仅限于基础的计时、逻辑计算、顺序控制和计数。它们还能够执行模拟到数字和数字到模拟的转换，处理数据并进行复杂数值运算。这使 PLC 既可以控制模拟量，也可以控制数字或开关量。无论是单独控制一条生产线或一台机器，还是对整个生产流程进行集中控制，PLC 都能胜任。更为重要的是，PLC 具有通信功能，它可以与上位计算机配合，形成分布式控制系统，进而支持远程控制和操作，使工业自动化更为高效和灵活。

③可靠性高，抵抗干扰能力强。对于多数用户而言，选择控制设备时，PLC 的可靠性成了主要的决策依据，因为 PLC 是专门为工业环境设计的，它必须能够在各种干扰下稳定工作，为了确保 PLC 在这种环境中的稳定性，生产商在其设计中添加了一系列抗干扰措施。在硬件设计上，隔离技术经常被采用。例如，输入接口通过使用光电耦合器将输入信号与内部的处理电路隔离开来。这种隔离不仅能够打破 CPU 与外部电路之间的直接电连接，减少外部干扰，而且还能够防止外部的高电压意外冲入 CPU 模块，造成损坏。在软件方面，滤波是一个主要的抗干扰策略。通过在 PLC 的 I/O 电路和电源电路中设置各种滤波电路，这样可以有效地隔离高频干扰信号。此外，这些滤波电路还可以作为系统诊断和故障检测的组成部分，进一步增强系统的功能和稳定性。经过这些综合的抗干扰措施，PLC 的正常运行时间通常能达到 40000 h 到 50000 h。

④编程方式简单易学。PLC 编程的特点之一是使用梯形图语言，这种语言为用户提供了简洁且直观的编程方式。梯形图语言中的符号和表达方式与继电器控制电路的基本原理高度相似，这使工程师和技术人员能够更快速、更直接地理解和编写程序。这种相似性不仅简化了编程过程，也使那些已经熟悉继电器逻辑和电路设计的人员能够轻松地转向 PLC 编程。因此，梯形图语言不仅强调了实用性和易用性，还在一定程度上为工业自动化领域的技术人员提供了一个熟悉和直观的编程界面，从而减少了学习和转换的难度。

⑤安装、调试、维修的设计较为便利。在 PLC 的安装过程中，许多传统继电器控制系统中的元件，如时间继电器、中间继电器和计数器，都被 PLC 软件功能取代。这大大简化了控制柜的接线和设计工作。在调试阶段，技术人员可以先在实验室环境下模拟调试 PLC 程序，确保其正确性后再将其应用于实际生产场景，并进行联机调试。至于维护，PLC 因其强大的自我诊断和故障处理功能而减少了因故障导致的系统停机的风险。若 PLC 的外部输入设备或执行机构出现问题，维修人员可以依靠 PLC 编程器和发光二极管指示器提供的信息迅速确定故障位置，并找出问题原因，进一步提高了系统的运行稳定性和维护效率。

⑥质量小、体积小、功耗不高。PLC 在设计和性能上呈现一系列特点：坚固，结构紧凑，质量小，体积小，功耗不高，卓越的抗震特性，能够迅速适应各种温度、湿度和环境变化。这些特点使 PLC 特别适合直接集成到机械设备内部，从而方便实现机电一体化。综合考虑，PLC 无疑是一种理想的工业控制装置，能够满足现代工业自动化的复杂需求。

（4）PLC 的工作流程。当 PLC 被接通电源时，首先会进行一系列的硬件和资源的初始化处理，为后续操作创建一个良好的基础。随后，当系统给出启动指令，PLC 便开始从 I/O 设备中读取输入信息，并根据预设的程序进行处理和响应。通过特定的接口，PLC 具备与其他设备或系统进行通信的能力。在整个工作过程中，如果 PLC 检测到有任何不符合预期的情况或偏差，它会采取相应的纠正措施，如调整输出或暂停程序执行，以确保整个系统能够正常、稳定地运行。

PLC 在初始化之后，为了实时响应各种输入信号，会持续进行分步处理，这种循环处理被称为扫描过程。在系统程序的指导下，PLC 采用循环扫描的方式执行应用程序，对控制需求进行处理和判断，并根据用户程序完成控制任务。从其核心结构和运行方式来看，PLC 可以被视为一种计算机软件，专门用于控制多种程序任务。但相较于传统的计算机系统，PLC 提供了更为强大的工程处理接口，特别适用于工业应用场景，这是 PLC 在工业控制中不可替代的工作流程和价值。

①系统初始化。PLC 接通电源后，要对 CPU 及各种资源进行初始化处理，包括清除 I/O 映像区、变量存储器区、复位所有定时器、检查 I/O 模块的连接等。

②读取输入。PLC 的存储器专门用于存储输入和输出信号，它主要分为输入映像寄存器和输出映像寄存器两种。当 PLC 读取外部数字量信号时，它会将这些 I/O 状态记录到输入映像寄存器中。例如，当外部有电源接通，相应的输入映像寄存器就标记为 1。在梯形图逻辑中，这意味着与其对应的常开触点被激活并闭合，而常闭触点则会断开。相反，当外部电源断开，该输入映像寄存器标记为 0，导致梯形图中的常开触点断开，而常闭触点则闭合。这种机制确保了 PLC 可以准确地反映并控制外部设备的状态。

③执行用户程序。PLC 用户程序由多条指令组成，并且指令在存储器中按顺序排列。当 PLC 执行用户程序时，如果没有跳转指令，CPU 将从第一条命令开始，按顺序逐个执行用户程序，一直到结束指令出现为止。当执行结束指令后，CPU 会检查 PLC 系统的智能模块，询问是否继续服务。

在执行命令时，PLC 会从 I/O 映像寄存器或其他元件的映像寄存器读出其 I/O 状态，依照命令进行逻辑运算，并且在对应的映像寄存器中写入运算的数值。因此，除只读状态下的输入映像寄存器外，PLC 映像寄存器的内容会根据用户程序的运行而发生改变。

在执行程序指令时，外部传输的信息状态发生改变，不会影响输入映像寄存器的状态，而输入信息的状态改变要等到下个扫描周期的读取输入阶段才会被读入。

在 PLC 中，程序在执行指令时并不直接与实际的 I/O 点交互，而是通过其映像寄存器进行操作。这种方式带来了几个明显的优势。一是它确保了在整个程序执行过程中输入值的稳定性。当程序执行完成后，输出映像寄存器的数据用于更新实际的输出点，增强了系统的稳定性。二是与直接读写实际的I/O点相比，从映像寄存器中读写数据更为迅速，这种数据读取方式加速了用户程序的执行。三是映像寄存器提供了字节和位的存储方式，这为数据存储提供了更大的灵活性，而直接的I/O点操作通常按位进行，相对来说效率较低。

④通信处理。当PLC正在工作时，其CPU模块会定期检测与之连接的智能模块的情况。如果存在服务请求，CPU会从智能模块中提取所需信息并将其存储在一个缓冲区中，这样在下一个扫描周期可以方便地使用这些信息。当PLC处理与通信相关的数据时，CPU会从通信接口读取收到的信息。接着，CPU会在恰当的时机将这些信息转发给发起通信请求的实体或部件，以确保有效的信息流转和系统响应。

⑤ CPU自诊断测试。CPU自诊断测试的工作内容包括读取用户程序存储器，按期检查EPROM、I/O扩展总线的一致性及I/O模块的状态，监控定时器复位，以及完成其他的内部工作。

⑥修改输出。当CPU完成用户程序的执行后，它会将输出映像寄存器中的0/1状态传递给输出模块并进行锁存。如果梯形图中的输入线圈是通电的，那么相应的输出映像寄存器就会被设置为1。之后，输出模块会对这些信息进行分离，并对信号进行功率放大。当继电器输出模块的特定硬件继电器线圈被电源激活时，其对应的常开接触点会闭合，从而使外部负载通电并开始工作。相反，如果梯形图中的输入线圈是断电的，相应的输出映像寄存器将记录为0，然后通过输出模块传递，使硬件继电器的线圈断开电路，从而中断外部电路的供电并使其停止运行。

⑦中断程序处理。当用户激活了中断程序服务功能，一旦发生中断事件，PLC将立即暂停当前正在运行的程序。这种中断服务机制是为了确保紧急或优先级更高的任务能够得到及时处理，无论PLC当前处于扫描周期的哪个阶段。换句话说，这一功能允许PLC在其常规操作过程中，对突发或特定的事件做出快速响应，以确保系统的稳定性和高效性。

⑧立即I/O处理。当PLC在执行程序指令的过程中，它可以通过特定的I/O指令实时地读取存储点的信息。具体来说，当PLC运用I/O指令去读取某一输入

点的数值时，其对应在输入映像寄存器中的值保持不变，表明它只是进行了读取操作并未修改任何数据。相对地，当 PLC 使用 I/O 指令去写入或修改某一输出点的数据时，其在输出映像寄存器中的相应数值会发生变化。这种机制确保了在读取操作中数据的完整性和在写入操作中的数据同步性，使 PLC 可以准确且有效地进行控制和响应。

（5）PLC 的功能。PLC 在发达国家普遍应用于电力、化工、机械制造、交通运输及文化娱乐等多种行业。由于 PLC 的性价比越来越高，一部分以前应用专业计算机的领域，也开始大范围应用 PLC，PLC 的使用范围越来越广。为了便于读者理解，下面总结出 PLC 的几种功能，具体内容如图 2–34 所示。

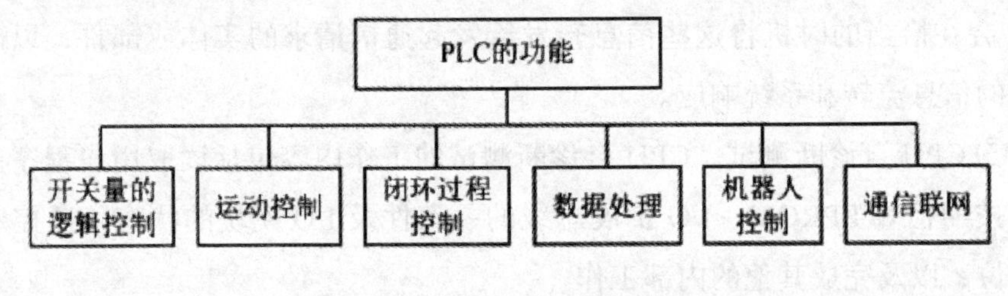

图 2–34　PLC 的功能

①开关量的逻辑控制。PLC 在开关量的逻辑控制方面得到了广泛的应用，并且其普及率极高。那些仅具备开关量控制功能的 PLC 可以替代传统的继电器调控系统，实现各种逻辑控制任务。这种开关量逻辑控制不仅可以应用于单一的机器或设备上，还可以广泛用于完整的自动生产线，例如，它可以用于机床的电气控制、铸造设备、冲床、包装机、注塑机等。它还广泛用于运输带的控制，化工系统中的泵和电磁阀控制，冶金领域如高炉的上料系统和连铸机的控制，以及诸如啤酒灌装、电视机制造、汽车生产线等多种生产线的控制。

②运动控制。PLC 具有调控圆周运动和直线运动的能力，虽然在早期 PLC 是通过开关量 I/O 模块与位置传感器和执行机构直接连接来实现这一功能，但现在更多地采用专门设计的运动调控模块来执行此任务。这种模块通常内置微处理器，能够精确地控制运动对象的速度、定位和加速度。它不仅可以控制旋转和直线运动，还可以针对单轴或多轴的运动进行优化调整。事实上，通过集成开关量 I/O 模块和运动调控模块，PLC 与运动控制器的功能得以完美结合，特别是在装配机器和机床领域，这种结合得到了广泛的应用和推广。

全球著名的 PLC 制造公司都已在其产品中集成了运动控制功能。如 FX 系列 PLC 使用 FX2N-1PG 脉冲输出模块。此模块能从位置传感器中获取当前位置数据，并与预设值进行对比。这一对比结果被用来控制伺服电机或步进电机的驱动器。利用这种技术，一个单独的 PLC 可以连接多达 8 个脉冲输出模块，从而实现对多个设备的精确运动控制。

③闭环过程控制。在工业生产中，PLC 经常被用于闭环调控方式来监控流量、温度、压力和速度这些持续变化的模拟量。无论是使用计算机的控制系统还是基于模拟调节器的模拟控制系统，PLC 都采用了 PID 控制策略来进行精确调节。由于其高效和精确的调控能力，PLC 在涉及闭环过程控制的各种应用场景中已经被广泛采纳和应用。这使 PLC 成为工业控制环境中的一个重要和可靠的工具。

使用 PLC 进行模拟量的 PID 闭环控制带来了多种优势，如用户友好性、高性价比、出色的抗干扰能力和高可靠性。为实现此调控，用户有三种选择：一是用户可以利用 PLC 内置的 PID 功能命令；二是用户可以采用专门的 PID 过程控制模块；三是用户也可以自主编写 PID 控制程序。但需要注意的是，前两种方法相对较贵且不够灵活，其算法也相对固定，通常只适合大型 PLC。当 PLC 不配备专门的 PID 指令或模块时，用户为了实现 PID 功能，通常会选择自行编写控制程序。PLC 中的数字 PID 控制是一种特殊的模拟量处理方式，其工作原理如下。当 PLC 进行自动采样时，它会将采集到的数据转化为适于运算的数字格式，并储存在特定的数据寄存器中。经过一系列数据处理和计算，这些数字数据最终会被传输到用户界面。这种控制过程可以通过梯形图程序来实现，为用户提供了极大的适应性和灵活性。值得注意的是，数字 PID 控制还可以解决传统模拟 PID 控制器中可能存在的一些问题，从而优化整体的控制效果。

④数据处理。PLC 是一个功能丰富的设备，不仅可以执行数据传输、数学计算、转换和位操作等任务，还能对数据进行集成、解析和处理。通过将这些数据与存储器中的参考值进行比较，或利用通信功能将其传输到其他设备，甚至可以生成报表进行打印。这种高级的数据处理功能主要在大型和中型 PLC 中得到应用，尤其是在如过程控制系统和柔性制造系统这样的复杂系统中。

⑤机器人控制。随着工业自动化的发展，机器人成为现代生产线上的重要装备，并被视为自动化技术的前沿。众多的机器人研发公司已经开始集成PLC技术到机器人控制系统中，使其能够执行各种复杂的机械任务。这种结合不仅提高了生产效率，还增强了机器人的灵活性和准确性。随着PLC技术的不断进步，其体积更小、功能更为强大，使其在机器人应用中的角色日益重要，预示着在未来工业生产中，PLC和机器人的结合会更为紧密。

⑥通信联网。PLC的通信功能不仅包括内部PLC系统之间的通信，还包括与上位计算机，以及其他智能设备之间的通信。PLC设备上配备有连接计算机的端口，可以通过同轴电缆或光缆与计算机相连，形成网络，从而实现通信。这构建了一种“集中管理、分散调控”的分布式控制系统。当前，各大PLC制造商都推出了专用于PLC间通信的网络解决方案。虽然有些PLC企业使用了工业标准总线，但越来越多的企业采用了标准通信协议，以实现更广泛的通信互联。

（6）PLC的发展趋势。

①传统PLC的发展趋势。由于通信技术、计算机技术及电子技术的持续进步，PLC的功能和结构得到了进一步的提高，基本每隔3～5年就有更新换代的新产品面世。传统PLC的发展趋势表现在以下五个方面。

a. 传统PLC正朝着自动化和网络化方向不断发展，呈现大型、多功能、复杂化、多层分布式和分散型等特点。举例来说，美国已经开发出一种全自动化网络系统，该系统不仅能够执行计时、计数、逻辑运算等基本任务，还具备模拟量控制、数值运算、计算机接口、监控、数据传递等功能。该系统还实现了PLC在工厂中的中断控制、过程控制、远程控制，以及智能控制等多方面的应用。这表明传统PLC已经成为实现工业自动化的不可或缺的工具，而且在不断扩展其功能和应用范围，以适应现代工业的需求。该系统采用BASIC语言，不仅可与上位计算机进行数据通信，还可直接控制机器人、计算机数控机床等设备，并通过下级PLC对执行机构进行控制。对于工厂而言，若再结合使用Viewaster彩色图像系统和Factory Master数据采集及分析系统，将能更加灵活地实现对工厂的控制和管理。这意味着工厂在提高自动化水平的同时，能充分利用数据采集和分析，以提升效率和生产质量，为整个生产流程的优化和管理提供更多便利和可操作性。这种系统的综合应用可显著提高工厂的运营效能和生产管理水平。

b. 研发各类智能模块，并加强其过程控制功能。智能的I/O模块是一种功能强大的元件，基于微处理器技术构建。智能的I/O模块与传统的PLC主CPU并行工作，它在很大程度上减轻了主机CPU的负担，从而实现了快速的扫描和响应速度。这种智能模块不仅支持通信控制、模拟量I/O、机械运动控制、PID回路控制等基本功能，还具备高级功能，如中断输入、高速计数、C语言和BASIC编程等。这使PLC在处理各种过程控制任务时更加灵活和强大。一些传统的PLC系统在应用智能模块时，还引入了自适应调试功能，进一步提高了控制精度，有助于企业提高生产管理的水平和效率。可以说，智能的I/O模块为PLC系统的功能增强和自动化控制提供了有力支持。

c. 同个人计算机结合。现代个人计算机已经成了多用途工具，不仅可以作为PLC的操作站和编程器，还可以充当人机接口终端。随着技术的进步，传统的PLC系统也在不断演进，融合了计算机的各种功能。一些大型PLC系统采用了功能强大的微处理器和大容量存储器，将模拟量控制、数学运算、逻辑控制和通信功能紧密结合在一起。总的来说，个人计算机、集散控制系统和工业调控计算机与传统的PLC系统在应用和功能上相互融合，这种趋势不仅提高了传统PLC的性能，还提高了性价比，使其更适合各种工业自动化的需求。

d. 开发出具备人机对话技术的PLC。通过开发新型编程语言、强化容错能力，以及利用性能卓越的外部设备和图形监控技术，可以构建先进的人机对话技术，这一技术在PLC中的应用带来了显著的改进。人机对话技术不仅扩展了PLC的命令集，包括流程图、专用语言、梯形图语言等，还引入了BASIC语言的编程和容错功能。

应用人机对话技术的PLC系统具备了许多强大的功能，如双机热备用、双机表决、自动切换I/O、I/O三重表决等。其中，双机热备用可以确保在一个PLC发生故障时另一个PLC能够立即接管控制，提高了系统的可用性。双机表决允许在输入状态与PLC逻辑状态不匹配时自动断开输出，提高了控制的准确性。自动切换I/O和I/O三重表决则增强了I/O设备的可靠性和冗余性。

e. PLC生产技术的规范化、标准化。PLC制造商在不断地研发硬件和编程工具，也在推进制造自动化协议的发展。这样做是为了标准化 PLC 的关键部件，如接线端子、I/O 模块、编程工具、编程语言及通信协议。这种标准化可以使不同厂家生产的产品能够相互兼容，从而减少网络搭建的复杂性并提高用户的便利性。

②新型 PLC 的发展趋势。如今，开放型的硬件或软件平台不断研究与开发，由此形成了新型 PLC。经过多年研究，新型 PLC 的结构规模、运算速度、模块功能等方面实现了飞跃发展，而计算机、半导体集成、显示、网络控制、通信等技术都关系到新型 PLC 的进步。与此同时，个人计算机和 DCS 所具有的特性也已经融入 PLC 中。但是，现代技术市场的竞争日益激烈，其他控制类新设备和新技术的出现给新型 PLC 带来了威胁。因此，相关人员应根据新型 PLC 具备的特性，再结合新的方法和技术，不断进行研究和创新，使新型 PLC 的功能更加完备。人们有理由相信，在工业自动化控制的各种要求下，新型 PLC 将会有更好的表现，新型 PLC 未来将朝着以下方向发展。

a. 朝着大型网络化、综合化方向发展。PLC 的网络通信涵盖了 PLC 与计算机，以及 PLC 之间的交互。随着 PLC 逐渐向大型网络化方向发展，现有的通信标准也在不断地得到完善，以增强 PLC 的通信能力。在 PLC 的网络结构中，过程控制、设备控制和信息管理是关键功能，PLC 及其所形成的网络已成为现代工业自动化中最常见且使用最广泛的自动化控制系统。新型 PLC 经过在设备控制层增添现场总线后，获得了与工业生产中的检测仪表、变频器等现场设备直接连接的能力。利用工具软件，它能对过程控制层进行有效调控，使操作界面变得更为友好和直观，从而提升用户体验。这种 PLC 也支持在工厂的整体自动化框架内进行跨地域的编程、监测、管理，以及故障诊断。它不仅整合了控制功能和信息管理功能，还成功地构建了信息管理层。为了进一步提高通信效果，该 PLC 还制定了自动化通信协议，以增强基于以太网的通信性能。

b. 朝着速度快、功能强的小型化、微型化方向发展。在工业控制领域，小型 PLC 持续占有重要地位，并且其应用范围逐渐扩大。这主要得益于小型 PLC 所具备的诸多特点：体积小巧、功能全面、成本效益高和运行速度快。近期的发展动态显示，PLC 从原先的整体设计模式转向了模块化设计，并且明显趋于小型化，这使整个 PLC 系统变得更为便捷。新型小型 PLC 的发展特点包括运算速度显著增加、构造进一步升级、尺寸更加紧凑、成本更为经济和网络功能增强。这些特点不仅提高了小型 PLC 的综合性能，还使其可以方便地嵌入各种机器内部，尤其适合于对设备或回路进行独立控制。值得一提的是，小型 PLC 不仅能够调控基本的开关量，还集成了如高速脉冲、输出高速计数、中断控制、网络通信、脉宽调制波输出和 PID 控制等高级功能，这有助于更快地实现机电一体化，提升控制精度和效率。

c. 朝着多样化与智能化方向发展。尽管传统 PLC 已经开始探索智能模块，但随着科技的进步，新型 PLC 仍需继续迈向更高的智能化。为了满足多样化和智能化的需求，新型 PLC 重点优化了用户配置系统，使之更为简单、灵活、兼容和通用。基于这些需求，一个独立的智能 I/O 模块被设计出来。这种模块自带存储器、CPU、I/O 单元和用于连接外部设备的端口，不再依赖外部配置主机。它的内部总线确保了各个部分的连接，而内置的系统程序负责控制，使其能够进行信号的实时处理、检测和控制。当新型 PLC 主机的 I/O 扩展端口与外部设备端口连接时，这种智能模块不仅能够与外部设备沟通，还能支持 PLC 主机的多程序并行运行，确保 PLC 能够及时响应并处理现场的信号。

d. 朝着高性能和高可靠性方向发展。高性能意味着 PLC 现在具有更快的处理速度、更大的存储容量和更强的数据处理能力，使其能够应对复杂的控制任务，并能实时处理大量数据。PLC 的硬件和软件设计也进行了优化，以减少故障并增加设备的寿命。高可靠性则确保了 PLC 在极端的工业环境中，如高温、高湿或有污染物存在的场所，都能稳定工作。制造商还增强了 PLC 的冗余功能和故障诊断能力，以减少停机时间并确保生产线的连续运行。这两个方向的发展不仅增强了 PLC 的核心功能，还提高了其在现代工业生产中的竞争力。

e. 编程语言朝着多样化、高级化方向发展。随着新型 PLC 的硬件结构和功能日益完善，其配套软件也得到了进一步的升级和拓展，除了传统的梯形图和语句表编程语言，现代 PLC 还融合了针对顺序控制的步进编程语言、与微计算机兼容的高级编程语言，以及为过程控制设计的流程图语言。这种丰富的编程语言体系确保了 PLC 能满足各种控制需求。

f. 朝着集成化的方向发展。软件集成是将 PLC 的多个功能，如编程、调试、操作界面、故障诊断及通信等，整合到一起。在新型 PLC 中，通过集成的监控软件，能够实时采集生产数据并分析，然后传送至管理层，控制层也能获得优化数据和生产信息。为了适应客户的定制需求，未来的 PLC 既会在硬件上也会在软件上采用系列化和模块化的方式，结合诸如监控数据采集系统、DCS、伺服控制系统等多种系统，从而使 PLC 系统的管理和维护变得更加简便和高效。

g. 朝着开放性与兼容性的方向发展。目前，工业控制体系对信息交流的流通性、实时性要求日益提升，PLC 为适应工厂控制的需要，开放性和兼容性的发展趋势已经日趋明显。如果 PLC 缺乏兼容性和开放性，这会使 PLC 在系统升级、信息管理和系统集成等方面增加成本费用和难度，从而导致用户无法有效地运用电气自动化控制技术。

PLC 的开放性主要体现在统一的系统集成接口、通信及网络协议，以及编程软件上。这种统一性不仅确保了不同生产商之间产品的兼容性和开放性，而且有助于维持产品的高质量标准。目前，公开的以太网技术和总线技术协议都为不同的 PLC 协议之间的开放性提供了动力。在此背景下，国际标准组织提出的通信协议标准化和互联参考模型都增强了产品间的通用性。总之，为了进一步提高 PLC 的开放和兼容性，各大国际组织都在努力推动 PLC 协议的统一和实施。

2.3 PLC 的通信网络

2.3.1 PLC 的通信介质

通信介质是连接发送端和接收端的物理通路，为数据传输提供媒介。PLC 的通信介质主要分为导向性介质和非导向性介质。导向性介质，如双绞线、同轴电缆和光纤，为信号提供一个明确的传播路径。而非导向性介质，如短波、微波和红外线，是通过空气来传播信号的，并没有为信号提供固定的方向。然而，在工厂应用中，由于非导向性介质如短波和红外线可能遇到实际障碍，因此导向性介质更受重视。

1. 双绞线

（1）双绞线的定义。双绞线是计算机网络中的主流传输介质，由两根绝缘的金属导线绞结形成，通常含有四组这样的双绞线。它分为屏蔽双绞线和非屏蔽双绞线两种，非屏蔽双绞线利用其外皮作为防护层，更适合于网络流量相对较小的环境中使用。而屏蔽双绞线则配备了一个金属保护套，这使它对电磁干扰有很强的防护能力，因此更适合于网络流量大、需要高速数据传输的场景中使用。

双绞线是由 22 号至 26 号的绝缘铜导线缠绕构成，其设计旨在减少电磁干扰。两根绝缘铜导线按一定的密度绞合，这样在数据传输过程中，两根导线所发出的电磁辐射会相互抵消，从而减少干扰。当将一对或多对这样的双绞线置于绝缘套管中时，就形成了双绞线电缆。在这电缆内部，不同的线对有不同的扭绞长度，通常范围在 3.81 cm 至 14 cm，并以逆时针方向绞合，而相邻线对的扭绞间距超过 12.7 mm。尽管与其他传输介质相比，双绞线在传输距离、带宽和传输速度上可能有限制，但其具有价格优势。

（2）双绞线的特点。作为最常用的 PLC 通信介质，双绞线具有以下特点。

①能够有效抑制串扰噪声。与过去用于电报信号的金属线路相比，双绞线采用了共模抑制机制。这种设计使双绞线能够有效地消除来自外部的噪声干扰，还能减少来自其他线对的串音干扰。因此，双绞线在确保高质量的信号传输的同时，维持了较为经济的成本。

②易于部署。双绞线的外层是由如聚乙烯这样的塑料制成的，这使线缆不仅轻便，而且具有出色的阻燃特性。其内部的铜导线拥有优异的弯曲性能，这意味着它可以进行大幅度的弯曲而不损害其通信性能。因此，双绞线综合了轻巧、高阻燃和良好弯曲特性等优点，这使其非常适合在各种需要部署 PLC 系统的场合中使用。

③传输速率高且利用率高。当前，被广泛应用的五类线能够提供最少 100 Mbps 的传输速度，并且仍然存在很大的潜力等待开发。在数字用户线技术中，传统的电话线被赋予了新的功能：它能够同时传输语音信号和宽带数字

信号，且这两种信号相互之间不会产生干扰。这种并行传输极大地优化了线缆的使用效率。

④价格低廉。双绞线的制造技术如今已经相当成熟，相较于光纤线缆和同轴电缆，它的价格明显更为经济且易于获取。正是因为这一价格上的优势，双绞线成了一个具有成本效益的选择，能在不牺牲 PLC 通信性能的情况下，帮助企业降低总体布线工程的成本。这种经济效益也是双绞线在工业领域得到广泛应用的核心因素之一。

2. **同轴电缆**

同轴电缆在局域网中是常见的传输介质之一，它是由两个同心的导体组成的，内部有一个铜线作为内导体，而外部有一个铜管或铜网作为外导体。这两个导体之间用绝缘材料隔开，由于外导体和内导体都围绕同一个中心轴，因此得名同轴电缆。这种特殊的结构设计将电磁场限制在内外导体之间，从而减少信号传输过程中的辐射损耗，并有效地防止外部电磁波对信号产生干扰。

同轴电缆主要由四部分组成，分别为内导体、绝缘介质、外导体和防护层，其示意图如图 2-35 所示。同轴电缆的核心是一根坚固的铜线，外覆有柔韧的塑料绝缘层。绝缘层的上面有铜编织或金属箔片作为外导体。最外层是电缆的保护壳防护层。

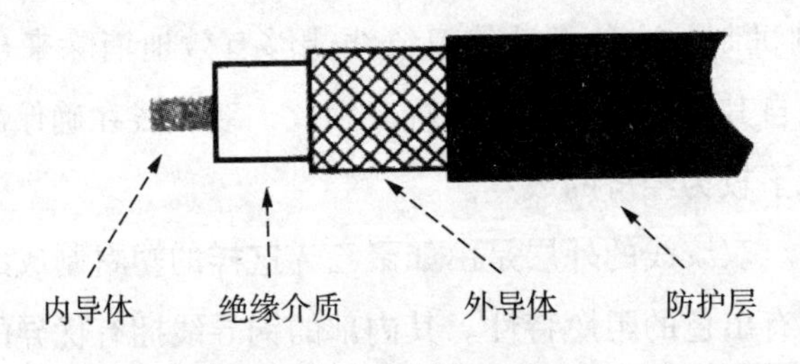

图 2-35　同轴电缆示意图

目前，同轴电缆主要有两类得到广泛应用，分别是 50 Ω 电缆和 75 Ω 电缆。50 Ω 电缆主要用于基带数字信号传输，因此也被称为基带同轴电缆。这种电缆只存在一个信道，并使用曼彻斯特编码传输数据，速率可达 10 Mbps，主要应用于局域以太网。75 Ω 电缆是有线电视系统的标准，它能传输宽带模拟信号和数字信号。在模拟信号传输中，75 Ω 电缆的工作频率可以达到 400

MHz。75 Ω 电缆可以利用频分复用技术，这样可以进一步增加 75 Ω 电缆的信道数量，使每个信道都可以传输模拟信号。

同轴电缆以前在局域网中得到广泛应用，其主要优势有以下两个方面。一是同轴电缆在长距离传输中需要的中继器较少；二是同轴电缆价格介于非屏蔽双绞线和光缆之间，相对经济。然而，由于同轴电缆的外导体需要进行适当的接地，这增加了安装的复杂性，因此它在 PLC 通信网络中的应用已经减少。

3. 光纤

（1）光纤的定义及结构。光纤是一种传输光信号的传输媒介，其大致由纤芯、包层和外套三层组成。光纤的最内核心部分是纤芯，这是一个横截面非常细小、脆弱、易断裂的光导纤维，其材料可以是玻璃或塑料。纤芯的外部是包层，这是由一个折射率低于纤芯的材料制成的，正因为纤芯和包层之间的折射率差异，光信号才能够通过全反射在纤芯内部传播。光纤的最外面是一个保护外套。在实际应用中，为了增强保护，人们常常将许多光纤捆绑在一起，并用保护层覆盖，从而形成多芯光缆。

（2）光纤的分类。光纤可以根据不同的特性和用途进行分类，主要的光纤分类包括单模光纤和多模光纤。单模光纤用于长距离通信，其内核较窄，只允许单一光模式传播，具有低损耗和高带宽的特点；多模光纤内核较宽，适用于短距离传输，如数据中心内部连接。还有特殊用途的光纤，如双折射光纤、光纤光栅等，它们用于传感器、测量和光学信号处理等应用领域。光纤有很多种，人们可根据需求选择合适类型。

（3）光纤的特点。光纤在实际传输过程中，还应配置配套的光源发生器件和光检测器件。目前，最常见的光源发生器件是发光二极管和注入式激光二极管。光检测器件是在接收端将光信号转化成电信号的器件，目前常用的光检测器件有光电二极管和雪崩光电二极管。

与一般的导向性通信介质相比，光纤的缺点是成本较高、不易安装与维护、质地脆易断裂等，但光纤的优点更明显，具体如下。

①光纤支持广泛的频谱，涵盖了从红外到可见光的范围，带宽范围在 1014 ～ 1015 Hz 之间。

②光纤的传输速度非常高，但其速率受到信号生成技术的限制。

③光纤具有出色的电磁干扰抗性，这是因为它的传输介质是光束，这种光束既不会受到外部电磁干扰，也不会对外部产生电磁辐射。这种特性使光纤在长距离信息传输中表现卓越，并且特别适合那些需要较高安全保障的应用场景，这种对电磁干扰的天然抗性意味着光纤在各种条件下都可以保持稳定的传输性能，满足现代通信对高效和可靠的需求。

④光纤的衰减小，因此中继器使用较少，这降低了信号放大设备和整体中继器的需求。

2.3.2 PLC 的通信方式

当两台设备进行信息交互时，即形成了通信。PLC 通信是 PLC 与其他 PLC、计算机、现场设备或远程 I/O 之间的这种信息传递和交换过程。

PLC 通信通过特定的通信协议和方式连接不同地点的 PLC、计算机和现场设备，以确保数据的高效传输、交换与处理。

1. 并行通信与串行通信

并行通信通过以字节或字为传输单位来进行数据交换。这种传输方式除了需要 8 根或 16 根的数据线与 1 根的公共线，还需要用于数据交流的控制线。这种结构能够使并行通信的速度非常快，但这种结构增加了传输线的数量，从而导致成本上升。正因为其线多和成本高的特性，这种通信方式通常在近距离数据传输中使用。它广泛用于 PLC 的内部数据交流，如 PLC 的内部元件间的通信，PLC 主机与其扩展模块、距离近的智能模块之间的数据交互。这种通信方式提供了高速度与高效率，但适用范围有限。

串行通信（如图 2-36 所示）按二进制位传输数据，每次仅发送一位。串行通信的结构简洁，仅在一个数据传输方向上使用一根线，该线兼作数据线和通信控制线。串行通信的所有数据和联络信号都在同一线上按位发送。串行通信所需信号线数量较少，通常只需两至三根线。这种经济和简化的配置使串行通信特别适合长距离数据传输。在工业控制领域，由于计算机和 PLC 都具备标准的串行通信接口，串行通信因此成为常选。它经常被用于 PLC 与计算机或多个 PLC 间的数据交换。

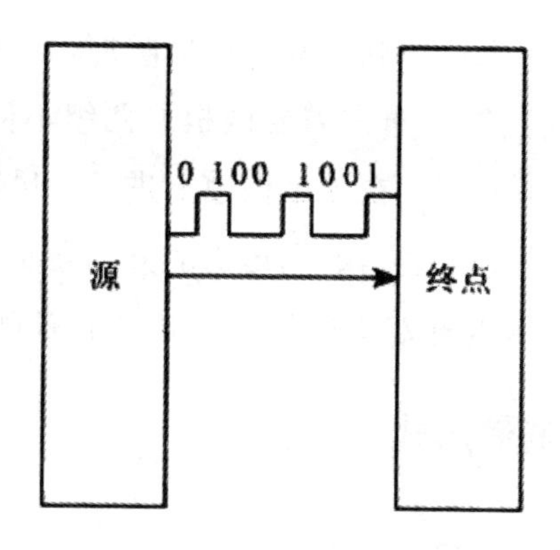

图 2-36 串行通信示意图

传输速率是评价通信质量的重要指标。在串行通信中，传输速率常用比特率（每秒传送的二进制位数）来表示，其单位是 bit/s。常用的标准传输速率有 300 bit/s、600 bit/s、1 200 bit/s、2 400 bit/s、4 800 bit/s、9 600 bit/s 和 19 200 bit/s 等，不同的串行通信的传输速率差别极大。

2. 单工通信、半双工通信和全双工通信

在数据通信中，PLC 数据在线路上的传送方式一共有三种，分别为单工通信、半双工通信和全双工通信（如图 2-37 所示）。

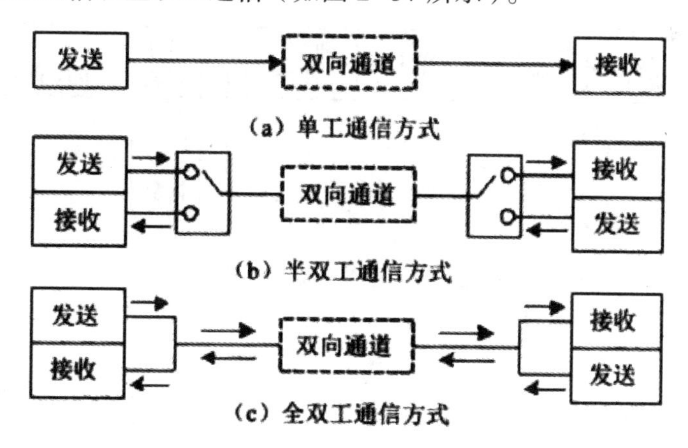

图 2-37 单工通信、半双工通信和全双工通信示意图

单工通信方式是一种单向数据传输方法，例如从 A 到 B。与之相对的是

双工通信，它允许数据在两个方向上进行传输，也就是从A到B和从B到A。双工通信进一步分为全双工通信和半双工通信两种。全双工通信允许双方在同一时刻同时发送和接收数据，通常需要两根或两组不同的数据线来实现这种双向实时通信。而半双工通信则在单个信道上进行，尽管它也支持双向数据传输，但不能同时进行；半双工通信数据传送的方向会交替切换，因此也被称为“双向交替通信方式”。这两种双工通信方式满足了不同的通信需求。

2.3.3 PLC的通信形式

1. 基带传输

未对载波进行调制的等待传输的信号为基带信号，它所占频带为基带，通常基带的高限频率和低限频率之比大于1。基带传输是按照数字信号原有的波形（以脉冲形式）在信道上直接传输的方式，它要求信道具有较宽的频带（如图2-38所示）。基带传输不需要调制解调，设备花费少，适用于较小范围的数据传输。基带传输通常要对数字信号进行编码，常用的数据编码方法包括不归零码、曼彻斯特编码和差分曼彻斯特编码等。不归零码、曼彻斯特编码和差分曼彻斯特编码的传输码波形如图2-39所示。后两种编码不含直流分量，包含时钟脉冲以便双方自同步，所以后两种编码的应用非常广泛。

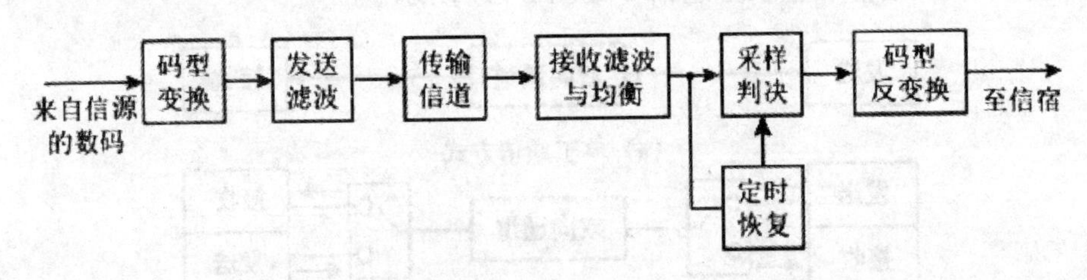

图2-38 基带传输的原理图

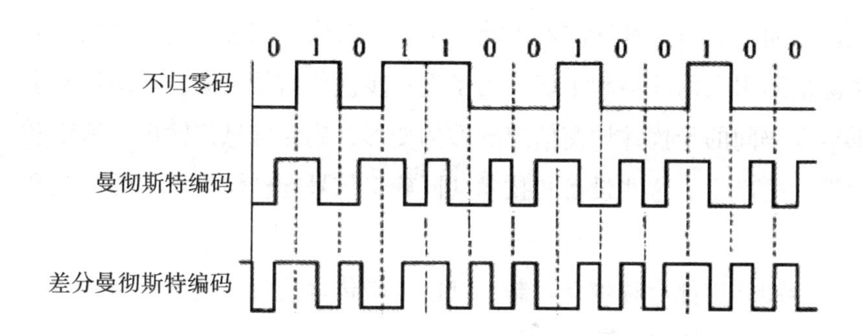

图 2-39 不归零码、曼彻斯特编码和差分曼彻斯特编码的传输波形图

通带传输是将基带信号的频谱转移到更高的频带，通过对载波进行调制来传输。PLC 在选择基带或通带传输时要考虑信道的适用频带。例如，当计算机或脉码调制电话终端输出基带信号时，PLC 可以利用电缆进行基带传输，这样就无须在载波位置进行调制和解调。相比于通带传输，基带传输的优势在于其设备简洁和线路衰减小，从而可以增加传输的距离。不适合直接进行基带信号传输的信道传输前需要对脉冲信号进行调整。这种选择和调整策略确保了信号的有效和稳定传输。

适合于信道传输的码波形是通过图 2-38 中的码型变换装置转变信源数码而得来的。归零码、不归零码、传号差分码、双相码、交替传号反转码等是常用的传输码波形（如图 2-40 所示）。

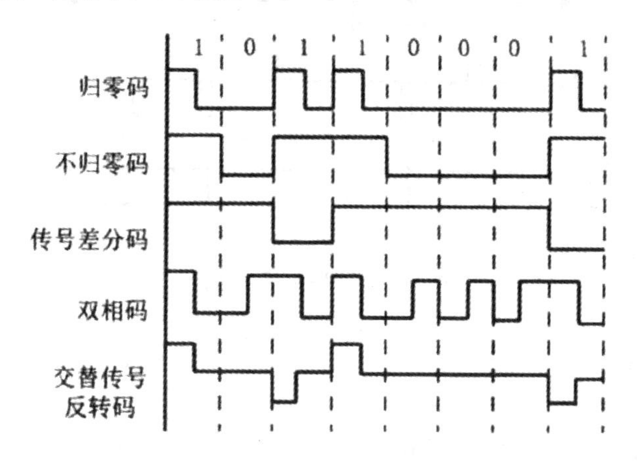

图 2-40 传输码波形

图 2-38 中，发送滤波器的主要作用是限制信号的频带，从而减少对其他

系统的干扰。然而，有时这种滤波器可能不会完全有效，在接收端，收信滤波器被用来去除信道引入的噪声和干扰。为了进一步优化信号传输，均衡器被引入，它能够减少码间的干扰并均衡信道导致的变形，确保信息传输更为清晰和稳定，减少误差的产生。这些设备和技术共同确保信号在传输过程中的质量和完整性。

由于滤波器和信道都对频带有限制，基因此带传输接收滤波器输出的波形会发生变化，变成如图 2-41 所示的波形。

样值脉冲是由采样判决电路每隔固定时间 T 对接收到的波形进行的采样。当样值大于 0 时，它被判定为“1”；当样值小于 0 时，它被判定为“0”。为了准确地再生发送端的信号，人们必须确保信道的畸变和叠加的噪声对样值的影响不会导致重大错误。此后，这些码型会经过转变（有时与判决过程相结合），以恢复数字信号并传送给信道。这个过程与使用计算机或脉码调制的电话终端机类似，其目的是确保传输的信号质量和准确性，以便在接收端准确解码。

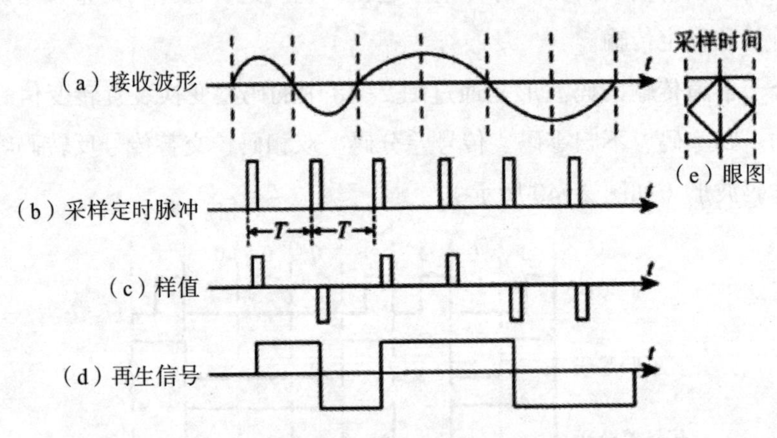

图 2-41　基带传输波形

2. 频带传输

频带传输是一种采用调制解调技术的传输方式（如图 2-42 所示），在数字通信中，发送端经常利用调制技术来转换数字信号。频带传输将代表数据的二进制“1”和“0”变换为一个特定频带范围内的模拟信号，以便在模拟信道中进行传输。当信号到达接收端时，频带传输会通过解调技术进行反向的变换，将模拟信号恢复为原始的“1”和“0”数据。为了实现这种转换，频带传输存在多种常用的调制技术，包括频率调制、振幅调制和相位调制。这些技术使数字信号能够在模拟环境中有效传输，同时在接收端保持其原始信息。

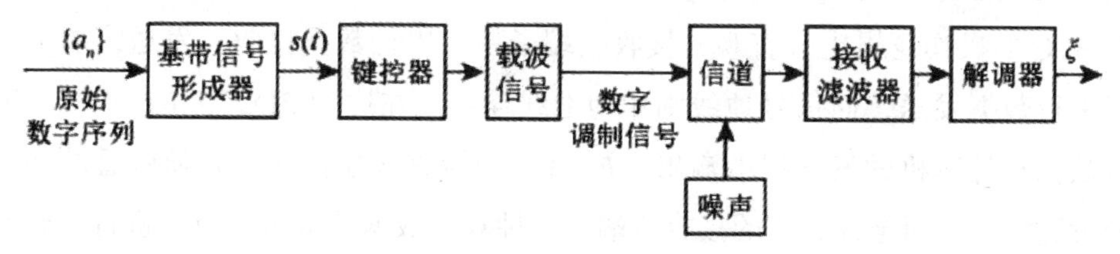

图 2-42　频带传输的基本结构

调制解调器是一个具备调制和解调功能的设备。频带传输相对复杂并适用于长距离传输。如果通过市话系统装备了调制解调器，那么这种设置就可以支持远距离的数据传送。这确保了在不同地点之间的有效数据通信。

2.3.4　PLC 的通信接口

1. RS-232C 通信接口

RS-232 是一个数据线接口，其特点是结构简单和易于使用，但其传输距离有限且对外部干扰的抗性不强。为了克服 RS-232 接口的这些限制，相关研究人员发布了 RS-232C 通信接口标准。这一标准在计算机和其他电子设备中得到广泛使用。RS-232C 接口不仅适用于计算机与计算机之间的数据通信，还被应用于小型 PLC 与计算机的通信。这种标准化的接口提供了更为稳定和广泛的通信解决方案。RS-232C 通信接口结构图如图 2-43 所示。

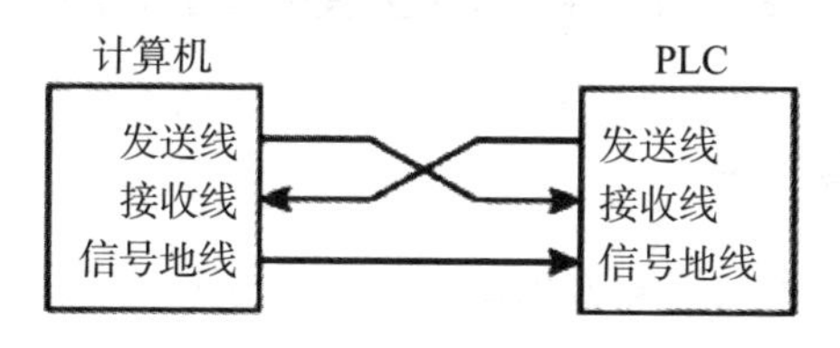

图 2-43　RS-232C 通信接口结构图

当通信距离相对较短时，通信的两个实体可以直接相连。在 RS-232C 的通信过程中，不需使用控制联络信号，仅需要三条核心线路：发送线、接收线和信号地线。这种配置允许进行全双工的异步串行通信。当计算机想通过其发送线端子发送数据至 PLC 的接收线时，PLC 在接收该数据后，会通过其发送线将数据返回到计算机的接收线，从而形成一个数据通信循环。应用这种配置的 PLC 的操作逻辑十分直观：接收线端子用于串行数据接收，发送线端子用于串行数据发送，而信号地线则作为地线连接。在这种 PLC 工作过程中，串行数据从计算机的发送线端输出，被 PLC 的接收线端接收，并随后通过 PLC 的发送线端返回至计算机的接收线端。这种双向数据传输过程持续进行，确保了全双工通信的连续性和稳定性。

2. RS-422A 通信接口

RS-422A 采用平衡驱动器、差分接收电路，从根本上取消信号地线。平衡驱动器相当于两个单端驱动器，其输入信号相同，两个输出信号互为反向信号。外部输入的干扰信号是以共模方式出现的，两根传输线上的共模干扰信号相同，因此接收器差分输入，共模信号可以互相抵消。只要接收器有足够的抗共模干扰能力，就能从干扰信号中识别出驱动器输出的有效信号，从而克服外部干扰的影响。RS-422A 通信接口结构图如图 2-44 所示。

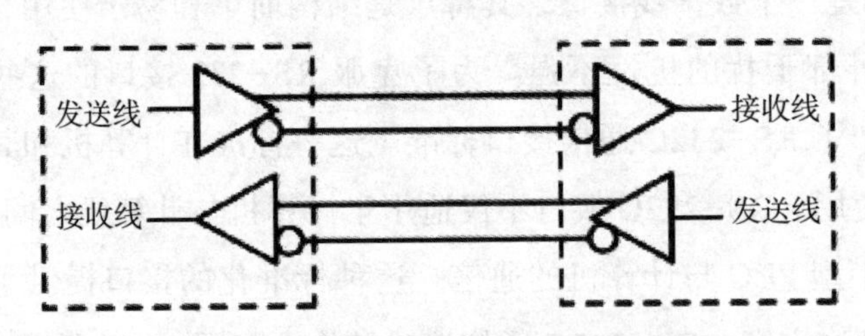

图 2-44　RS-422A 通信接口结构图

3. RS-485 通信接口

RS-485 是基于 RS-422A 发展起来的通信协议。虽然 RS-485 的许多规范与 RS-422A 相似，但它采用的是半双工通信方式，这意味着它只有一对平衡差分信号线，并不能同时进行数据的发送和接收。结合 RS-485 通信接口和双绞线，人们可以构建一个串行通信网络。尽管 RS-485 支持数据在两个方向上的传输，但在任意给定的时刻，数据仅可以在一个方向上流动。RS-485 可以从计算机端向 PLC 端发送数据，或从 PLC 端向计算机端发送数据，但这两种操作不能同时进行。这种半双工的特性确保了数据在传输时的顺序性和完整性。RS-485 通信接口结构图如图 2-45 所示。

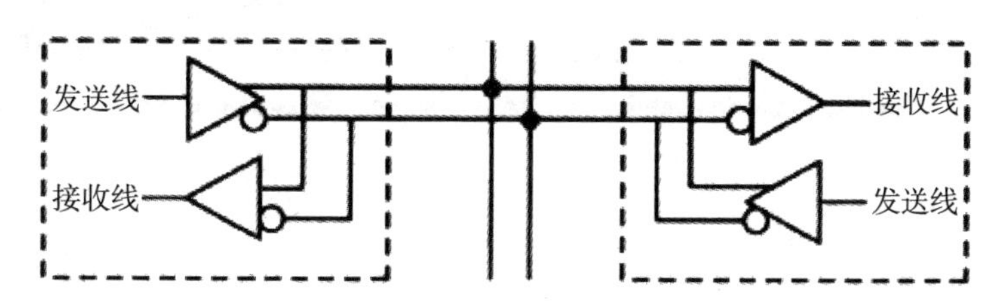

图 2-45 RS-485 通信接口结构图

RS-485 的主要特点如下。一是通信设备的传输距离通常为 1200 m，但在实际情况下可以扩展到 3000 m，通信设备适用于长距离的通信需求。二是该设备的数据传输速度非常高，可以达到 10 Mbit/s，它使用屏蔽双绞线作为接口进行数据传输。在使用时，人们需要注意双绞线的长度与传输速度之间存在反比关系。三是该接口结合了平衡驱动器和差分接收器，这种组合增强了其对共模干扰的抵抗力。因此，它在面对噪声干扰时具有很好的性能和稳定性。四是 RS-485 接口支持在总线上连接高达 128 个收发器，表现出强大得多站网络功能。但当 RS-485 的传输距离超过 20 m 并出现通信干扰时，人们需要特别关注终端匹配电阻的配置问题。

由于其出色的性能，RS-485 被广泛应用于计算机与 PLC 之间的数据通信。除基本接口功能外，它还拥有以下特点。一是 RS-485 可以作为并行外设总线接口，支持 PG 功能、人机交互功能，以及 S7-200 系列的 CPU 间通信；二是 RS-485 可作为消息传递接口从站进行主站数据交流；三是 RS-485 能够提供可编程中断功能，与其他设备进行串行数据交换。

3　电气自动化控制系统基础与应用

3.1　自动控制系统概述

我国自动控制系统经过几十年的持续发展已经取得了长足的进步。特别是20世纪90年代后，我国工业自动控制系统装置制造行业的销售规模增速一直在20%以上。2018年我国工业自动控制系统装置的成果令人瞩目，整年工业总产值达到4 000亿元，工业自动化设备产量的增速为3.8%。与此同时，国产自动控制系统在炼油、化肥、火电等领域都取得了可喜的成绩。

我国自动化市场的主体主要有商品分销商、系统集成商、软硬件制造商。随着自动化控制行业间竞争的加剧，规模较大的生产自动控制系统装置的企业间多次进行资产并购，也有一部分工业自动控制系统制造企业越发地注重对本行业市场进行分析，尤其是针对购买产品的客户和产业发展的境况进行探究。

自动控制系统常因行业不同而存在差异，甚至是同一行业中的用户也会因为各自工艺的不同导致需要有很大差异。客户需要的通常是全面整体的自动控制系统，而供应商提供的是各类标准化的部件。这种供应与需求间的错位关系，使工业自动化的发展前景十分广阔。2015—2020年我国自动化生产线供需数量如图3-1所示。由图3-1可知，随着未来我国自动控制系统的行业核心技术的进一步提升，国内自动控制系统行业仍具有巨大的成长空间。

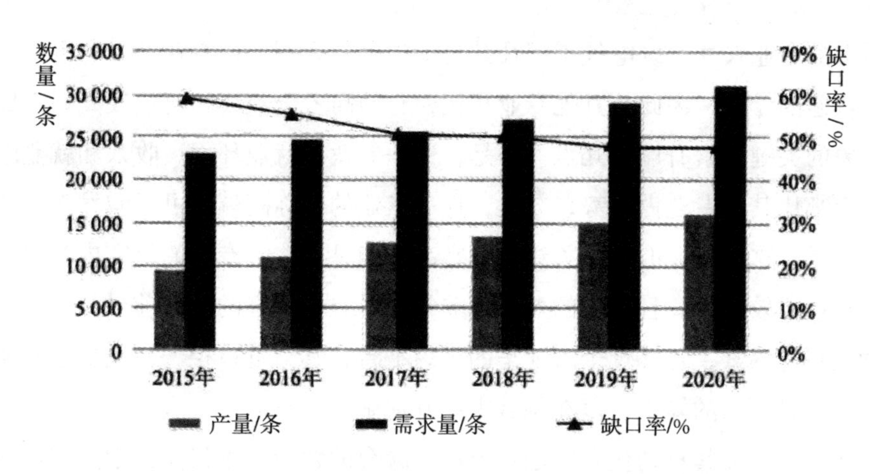

图 3-1 2015—2020 年我国自动化生产线供需数量

相关研究表明，世界上规模最大的工业自动控制系统装置市场在中国。工业自动控制系统大多用于工业技术改革、工厂的机械自动化、企业信息化等方面，市场前景广阔，而网络化、智能化、集成化都是工业自动控制系统的发展动向。

自动控制系统已经深入人类社会的各个角落。在工业生产中，无论是机械制造、化工还是冶金，都依赖这些系统来准确控制各种物理量，比如温度、速率和压力等。数字计算机在这里发挥了关键作用，通过数控操作，它能够提高生产的自动化程度，并确保流程的准确性。甚至有些系统还结合了管理与控制的功能，进一步提高了效率。在农业领域，自动控制系统主导了农机的自动化操作，以及灌溉系统中的水位自动调节。而在军事领域，这些系统已成为伺服、导航和火控等关键技术的核心组成部分。总之，自动控制系统为各个领域带来了巨大的便利和进步。

在航天、航空和航海领域，自动控制系统在诸如遥控、导航和仿真技术中都起到了核心作用。不仅如此，它在交通协调、图书管理、办公自动化和家庭日常任务中都找到了应用场景。随着控制理论和技术的不断创新，人们可以预见其在更多领域，如医学、生态学、生物学，以及社会和经济学中的应用将持续扩展。这些都表明自动控制系统具有巨大的发展潜力，它的前景光明，为此，对其进行深入的研究和开发是十分有益的。

由上可知，由于自动控制系统具有良好的发展前景，相应的，该行业也需要更多的专业人才。以电气工程及其自动化专业为例，该专业是一个很受广大学生欢迎的专业，因此与其他专业相比，它的高考分数线相对比较高。造成这一现象的关键因素有以下几点。一是，这一专业在就业环境、收入和就业难易程度上都比其他专业占优势；二是，这一专业的名称高端，可以激发学生的兴趣；三是，这一专业的社会关注度非常高；四是，这一专业的研究内容向现实产品转换比较容易，且产生的效益也非常好，有非常好的发展前景。这个专业鼓励创新与探索，是展现个人才华的理想平台，其“宽口径”特性要求从业者具有广博且深入的知识，以在领域中更好地施展。

电气工程及其自动化专业是一个深度融合的领域，不仅要求学生掌握电力网继电保护的基础理论和控制理论，还必须具备扎实的电子技术和计算机能力，因为这些是进行研究和实际应用的核心工具。该专业涵盖了如系统设计、系统分析、系统开发，及管理决策等多个重要的研究领域，值得特别关注的是，这个专业成功地将电工与电子技术、软硬件技术，以及强弱电技术完美结合，展现了真正的跨学科特色。这不仅仅是电子、电力、控制和计算机技术的融合，更是一个广大的交叉研究领域，为专业人员开辟了丰富的发展机遇和探索的空间，预示着无尽的可能性和潜力。

3.2　自动控制系统的分类

3.2.1　按输入量的变化规律进行分类

1. 恒值控制系统

恒值控制系统是一种特殊的控制系统，它确保系统的输出始终保持在一个固定的、预定的值，即使系统受到各种外部扰动的影响。在这种控制系统中，一旦设定了输入值，它在系统的整个运行过程中都不会发生变化，但可以在特定的时间进行校准或修改。无论外界条件如何变化，该系统都必须确保其输出保持稳定。

2. 程序控制系统

程序控制系统的输入量不为恒定值，其变化规律是预先知道和确定的。人们可将输入量的变化规律预先编成程序，由程序发出控制指令，在输入装置中再将控制指令转换为控制信号，经过全系统的作用，使控制对象按照指令的要求运动。

3. 随动控制系统

随动控制系统是一个能够响应不可预测变化的输入量的控制系统，其目标是使输出量能够快速、稳定地跟随输入量的变动，并确保在此过程中免受各种外部干扰。这个系统能精确地反映控制信号的动态变化，控制的命令可以根据实际需求由操作人员提供，或由特定的目标或测量设备自动生成。

3.2.2 按系统中传递信号的性质分类

1. 连续控制系统

连续控制系统是一个在整个操作期间信号都是连续时间函数的系统。这类系统可以进一步细分为线性系统和非线性系统。当一个系统可以通过线性微分方程进行描述时，人们称它为线性系统。相反，如果一个系统不能被线性微分方程所描述并含有非线性成分，那么它被称为非线性系统。

2. 离散控制系统

离散控制系统是其中某些信号通过脉冲序列或数字进行传递的系统。离散控制系统与连续控制系统的分析方法有所区别，连续控制系统使用微分方程和拉普拉斯变换分析方法，而离散控制系统利用差分方程和 Z 变换分析方法。

3.3 自动控制系统的组成与控制方式

3.3.1 自动控制系统的组成及常见名词术语

1. 自动控制系统的组成

由于具体用处和被控制对象的不同，自动控制系统产生了多样化的构造。根据工作原理，许多功能不同的基本元件构成了自动控制系统。自动控制系统比较常见的功能框也叫方框图，其示意图如图 3-2 所示。图 3-2 中的各个方框表示的是有着特别作用的各个元件。由图 3-2 可知，反馈元件、比较元件、放大元件、校正元件、执行元件，及被控对象构成了一个完整的自动控制系统。一般来说，人们把被控对象以外的全部元件进行组合，称其为控制器。

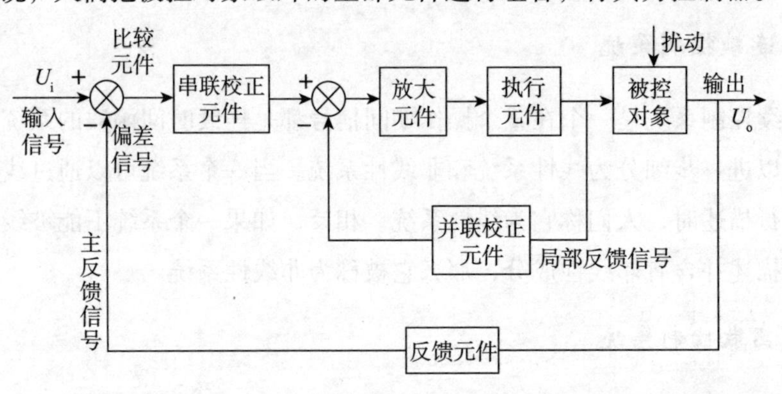

图 3-2 典型自动控制系统的功能框图

图 3-2 中各元件的功能如下。

（1）反馈元件。为了进行比较，系统会测量被控量，将其转化为与输入量一致的物理量，然后将其反馈至输入端。

（2）比较元件。该元件的功能是接收输入信号和反馈信号，对它们进行比较，然后生成一个代表它们之间差异的偏差信号。

（3）放大元件。该元件的主要功能是对微弱的输入信号进行线性放大，以提高其强度和可读性。

（4）校正元件。该元件通过特定的函数规律对控制信号进行变换，目的是优化系统的动态响应和提高其静态表现。

（5）执行元件。该元件依据偏差信号的特性实施适当的控制，确保受控变量按照预期的值进行调整。

（6）被控对象。在生产流程中，某些工作机械或特定的生产步骤需要进行精确控制。

2. 自动控制系统中常见的名词术语

（1）自动控制系统。自动控制系统是能够把自动控制设备和被控对象按照某种方法进行连接，并且能够对某种任务进行自动控制的整体组合。

（2）给定值。给定值是系统输入信号。此指令信号主要用于掌控输出量变化规律。

（3）被控量。被控量是系统输出信号，是指在系统被控对象中要求遵循某些规律变化的物理量。它与给定值之间要保持一定的函数关系。

（4）反馈信号。反馈信号是由系统（或元件）输出端取出，并反向送回系统（或元件）输入端的信号。反馈信号分为主反馈信号和局部反馈信号。

（5）偏差信号。偏差信号是给定值与主反馈信号之差。

（6）误差信号。误差信号实质是从输入端定义的期望值与实际值之差。在单位反馈的情形下误差值也就是偏差值，两者具有相等关系。

（7）控制信号。控制信号是使被控量逐渐趋于给定值的一种作用。该作用有助于消除系统中的偏差。

（8）扰动信号。扰动信号简称扰动或干扰，是一种人们不期望出现的、对系统输出规律有不利影响的因素。

需要注意的是，扰动信号与控制信号背道而驰。扰动信号既可来自系统外部，又可来自系统内部，前者称为外部扰动，后者称为内部扰动。

3.3.2　自动控制系统的控制方式

基于是否存在反馈元件，自动控制系统的控制方法可以被划分为开环控制、闭环控制，以及复合控制三种。为了更清晰地为读者解释，笔者会通过控制系统的简图和方框图详细地进行各类别的分析和讨论。

1. 开环控制方式

开环控制是一种控制方式，其中控制设备与被控制的对象之间仅存在单向的作用，而没有反馈回路。简单来说，开环控制系统是没有反向联系的控制结构。为了更加生动地帮助读者理解这种概念，本部分将采用一个实际的例子来进一步解释。具体地说，本部分将以电动机转速的控制系统为案例，深入探讨开环控制方式的特点和工作原理。这种控制方式下，系统不会根据输出进行自我调整或纠正，而会严格按照预设的输入进行操作。其控制系统简图如图 3-3 所示，其控制系统方框图如图 3-4 所示。

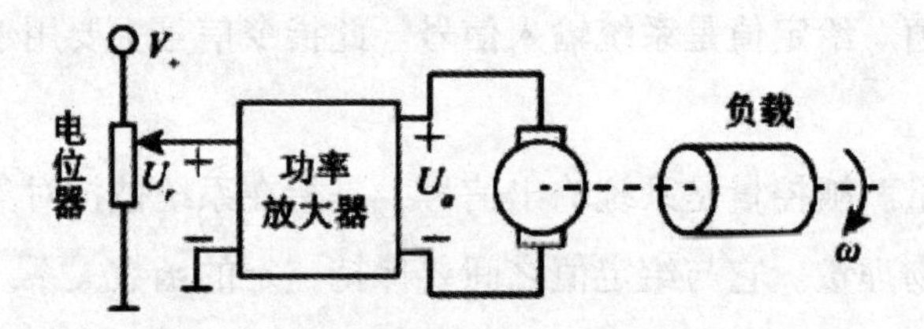

图 3-3　电动机转速开环控制系统简图

注：图中电动机是直流电动机，其作用是以一定的转速转动从而带动负载。下同。

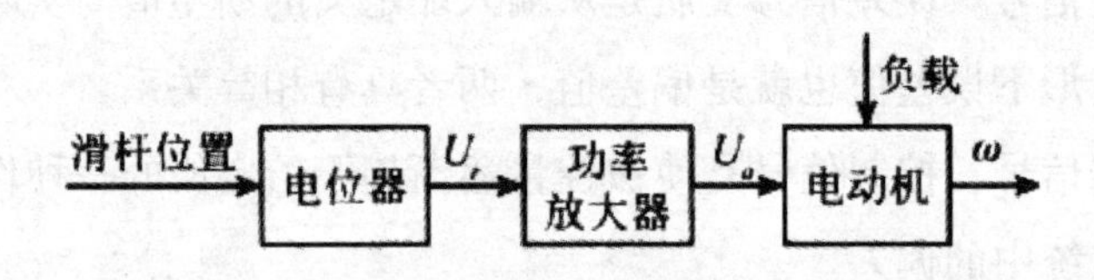

图 3-4　电动机转速开环控制系统方框图

由图 3-3 可知，电动机输入量是给定电压 U_r，被控量是电动机转速 ω。通过改变电位器上电刷的位置，即通过改变其接入电路中的电阻值，人们可以得到不同的给定电压 U_r 和电枢电压 U_a，从而控制转速 ω。结合图 3-4 来分析这一过程可知，当负载转矩不变时，给定电压 U_r 会与电动机转速 ω 呈正相关。因此，人们可以通过改变电位器接入电路的电阻值来改变给定电压 U_r 和电枢电压 U_a，从而达到控制电动机转速 ω 的目的。在此过程中，一旦出现扰动信号，如负载转矩增加（减少），电动机转速会随之降低（增加），从而偏离给定值。要想保持电动机转速 ω 不变，工作人员需要校正精度，即调节电位器电刷的位置，以提高（降低）给定电压 U_r，从而使电动机转速 ω 恢复到一开始设定的给定值。

总的来说，开环控制方式的电路中只能单向传递控制作用，即其作用路径不是闭合的。这一特点可以通过图 3-4 看出，图中的控制信息只能由左至右从输入端沿箭头方向传向输出端。正因为如此，在开环控制系统中，给定一个输入量就会产生一个相对应的被控量，其控制精度完全取决于信息传递过程中电路元件性能的优劣和工作人员校正精度的高低。根据开环控制方式的特点可知，开环控制系统不具备自动修正被控量偏差的能力，因而其抗干扰能力差。但是，由于开环控制方式具备结构简单、调整方便、成本低等优势，其被广泛应用于社会各个领域，如自动售货机、产品自动生产线，及交通指挥红绿灯转换等。

2. 闭环控制方式

闭环控制是一种控制策略，其中控制设备与被控对象之间不仅存在前向作用，还有反馈机制，使系统可以根据输出进行自我调整。这种有反向联系的系统被称为闭环控制系统。为了让读者更深入地了解这一概念，本部分将继续使用电动机转速控制系统作为实例，详细介绍闭环控制方式的工作原理与特性。与开环控制不同，闭环系统能够响应实际输出与期望输出之间的差异，并进行相应的调整，其控制系统简图如图 3-5 所示，其控制系统方框图如图 3-6 所示。

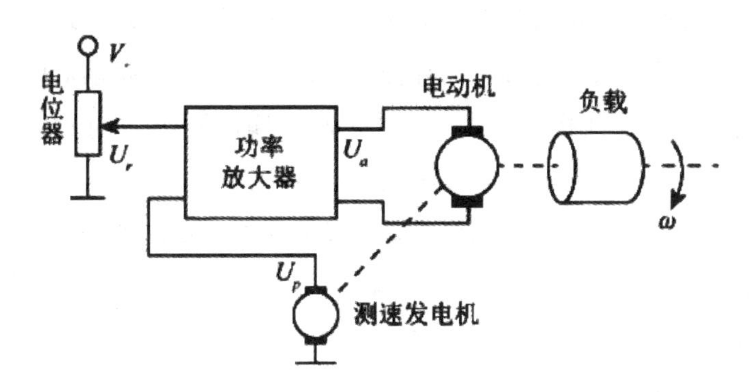

图 3-5　电动机转速闭环控制系统简图

注：图中电动机是直流电动机，其作用是以一定的转速转动从而带动负载。下同。

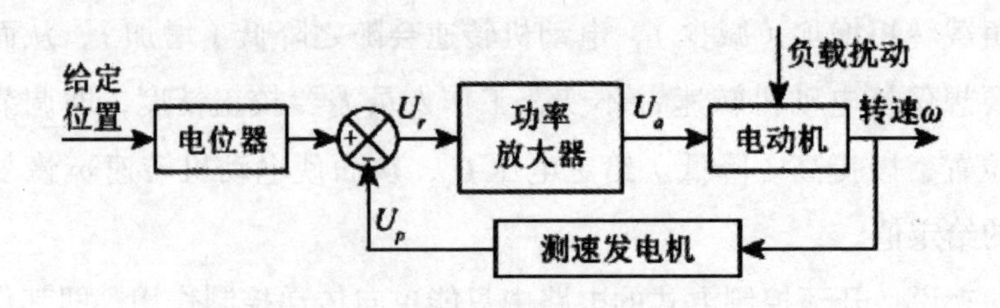

图 3-6　电动机转速闭环控制系统方框图

由图3-5可知，这一系统是在图3-3的基础上，增加了一个由测速发电机构成的反馈回路，以此检测最终输出的转速，同时给出与转速成正比的反馈电压。闭环控制系统是通过反馈机制持续监测并调整输出，确保其与期望值保持一致。在转速控制中，系统通过测量实际的输出转速并将其与期望转速进行比较，得出一个偏差信号。这个偏差信号代表了期望转速与实际转速之间的差异。这种基于偏差来进行调节的方法被称为偏差控制。只要存在偏差，控制机制就会启动，以修正这种差异。闭环控制系统能持续减少这一偏差，确保系统的高精度和稳定性。这种策略使闭环控制系统在应对各种干扰和变化时具有更好的适应性。

由图3-6可知，闭环控制系统实现转速自动调节的过程如下。当系统受到扰动影响导致负载增大时，电动机的转速 ω 会降低，测速发电机端的电压就会减小，且在给定电压U_r不变时，偏差电压 U_p 会增加，则电动机的电枢电压 U_a 会上升，从而导致电动机的转速 ω 增加；当系统受到扰动影响导致负载减小时，电动机转速调节的过程则与上述过程变化相反，最终导致电动机的转速降低。根据以上调节过程可知，闭环控制系统抑制了负载扰动对电动机转速 ω 的影响。同样，对其他扰动因素，只要影响到输出转速 ω 的变化，上述调节过程会自动进行，从而提高了该系统的抗干扰能力。

闭环控制系统通过对系统偏差信号的反馈来自动调整被控量，而不是单纯依赖给定的电压。这种系统的核心是偏差信号，该信号受到被控量反馈的影响，使控制电路形成一个闭环，实现了真正的自动控制。这种闭环结构赋予了系统自我校正的特性，使其具有出色的抗干扰能力。然而，闭环控制的设计和实施比较复杂，因为它需要更多的元件和精确的线路配置，这也提高了其安装

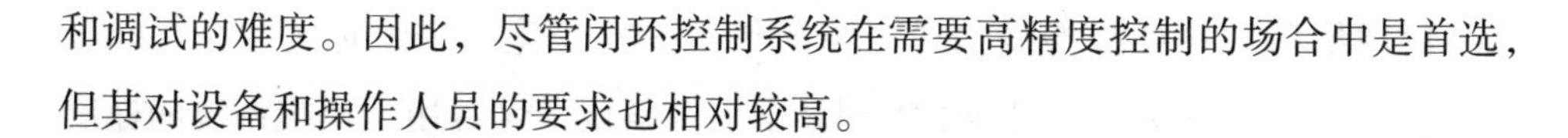

和调试的难度。因此，尽管闭环控制系统在需要高精度控制的场合中是首选，但其对设备和操作人员的要求也相对较高。

3. 复合控制方式

复合控制方式结合了开环控制和闭环控制的特点，从而具有更高的应用价值、适应性和经济效益。复合控制方式是在闭环系统中增添一个由输入信号组成的前馈路径，旨在增强或补偿该信号，进而提升系统的控制准确性和对外界干扰的抗性。值得注意的是，这个前馈路径是以开环方式运作的，因此其对系统内部电子元件的稳定性有很高的要求。如果元件稳定性不佳，其补偿能力会受到影响。综上所述，由于复合控制方式结合了开、闭环控制的优势，它在多种应用领域都得到了广泛使用。

为了便于读者应用或借鉴，下面简要介绍四种常见的输入信号（如图 3-7 所示），以及两种常见的复合控制方式。

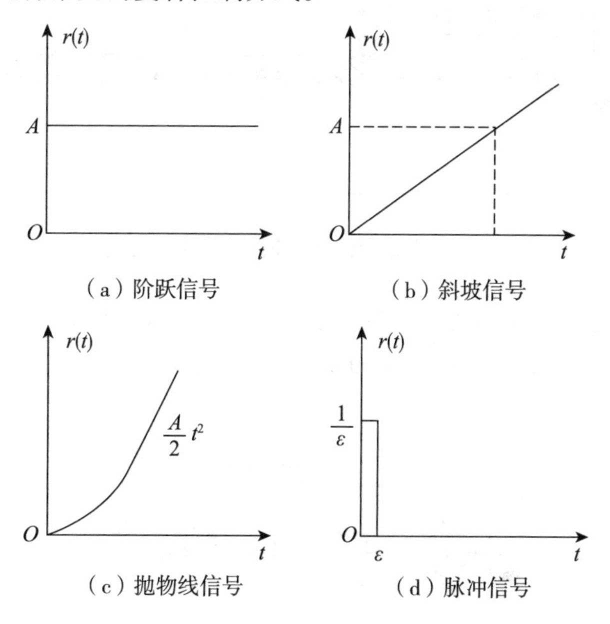

图 3-7　四种常见的输入信号

阶跃信号是一种突变信号，其值在某一特定时刻突然从零变到某个常数值 A，并保持不变。在控制系统中，阶跃信号通常用于测试系统的稳态响应。

斜坡信号是一种线性增加或减少的信号，其变化率是恒定的。在时间轴上，它以一定的斜率从零线性增加到某个值。斜坡信号常用于模拟系统的速度或加速度。

抛物线信号的变化随时间的平方的增加而增加，它通常用于描述加速度随时间的变化情况。在控制系统中，抛物线信号可以用来测试系统对加速度变化的响应情况。

脉冲信号是一种短暂的信号，其在非常短的时间内达到高值，然后迅速回落到零。脉冲信号通常用于测试系统的瞬态或动态响应。

（1）附加给定输入补偿。图3-8是附加给定输入补偿控制系统方框图。在图3-8中，附加的补偿装置能够生成一个额外的前馈控制信号。当这个前馈信号与原始的输入信号结合时，它们共同作用于被控对象，有效增强了整个系统的控制效果和性能。这种机制旨在提高系统的控制精度和响应速度。

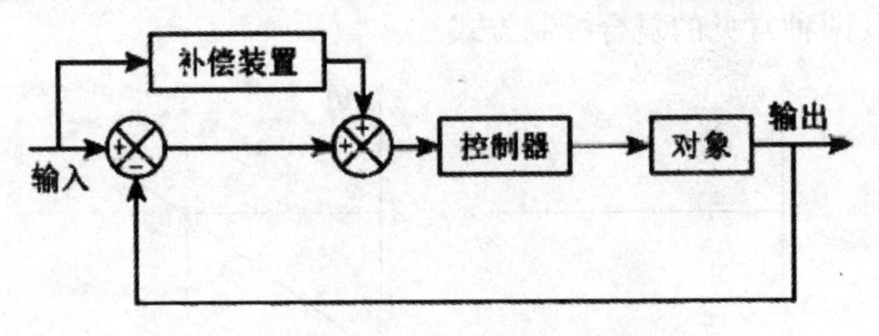

图3-8　附加给定输入补偿控制系统方框图

（2）附加扰动输入补偿。图3-9是附加扰动输入补偿控制系统方框图。在图3-9中，附加的补偿装置可以降低扰动的影响，达到提高系统抗干扰能力的效果。

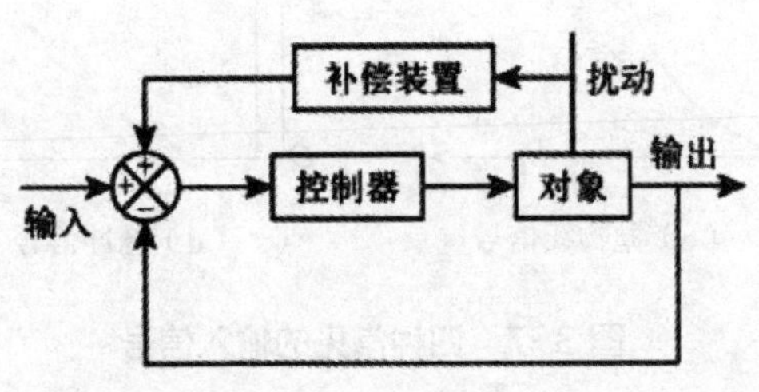

图3-9　附加扰动输入补偿控制系统方框图

3.4 自动控制系统的典型应用

3.4.1 飞机自动驾驶仪

飞机自动驾驶仪是一种可保持或改变飞机飞行状态的自动装置，主要用于稳定飞机的飞行姿态、高度和航迹，可操纵飞机爬高、下滑和转弯等。

飞机自动驾驶仪通过控制飞机的三个操纵面（升降舵、方向舵和副翼）的偏转，改变多面的空气动力特性，从而形成围绕飞机质心的旋转转矩，从而改变飞机的飞行姿态、高度和轨迹，如图 3-10 所示。

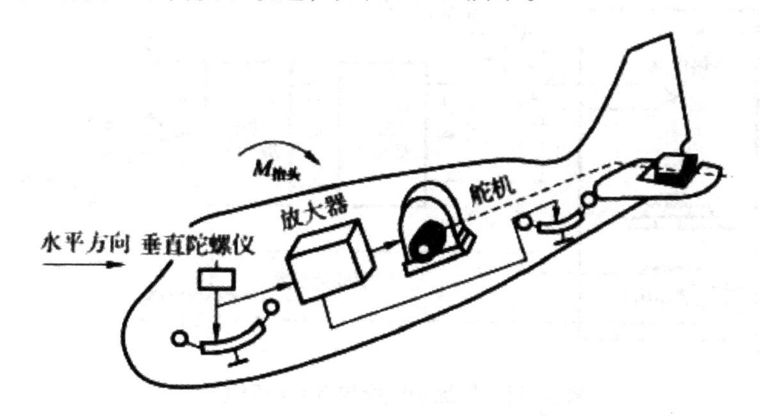

图 3-10 飞机自动驾驶仪原理图

图 3-10 中的垂直陀螺仪作为测量元件，用来测量飞机的俯仰角，当飞机在指定的俯仰角度进行水平飞行时，垂直陀螺仪电位器不会产生电压输出。但如果飞机因扰动而向下偏移，垂直陀螺仪电位器会产生一个与俯仰角偏差成正比的信号。这个信号被放大器放大，驱使升降舵向上偏转，产生一个抬头的转矩来修正飞机的角度。反馈电位器也会输出一个与舵偏角相对应的电压，这一电压被反馈到输入端，帮助系统进行自调。

随俯仰角偏差的逐渐减少，垂直陀螺仪电位器的输出信号也逐渐减弱，导致舵偏角相应地减小。当俯仰角达到期望值时，舵面也会回归到其原始位置。

3.4.2 加热炉温度控制系统

加热炉温度控制系统用于将加热炉内的温度保持在期望值，其原理如图3-11所示。

假设加热炉内温度均匀分布，则该系统的被控量为炉内温度 T，被控对象为加热炉电位器设定对应于期望温度的给定电压u_r。当炉内温度变化时，热电偶输出（反馈）电压u_f随之变化，与u_f比较后产生偏差电压u_e。偏差电压经电压放大器、功率放大器两级放大后产生电枢电压u_a，并驱动电动机转动，以通过减速器改变变压器的输出电压，从而加热电阻丝减少或增加供热，维持炉内温度稳定。

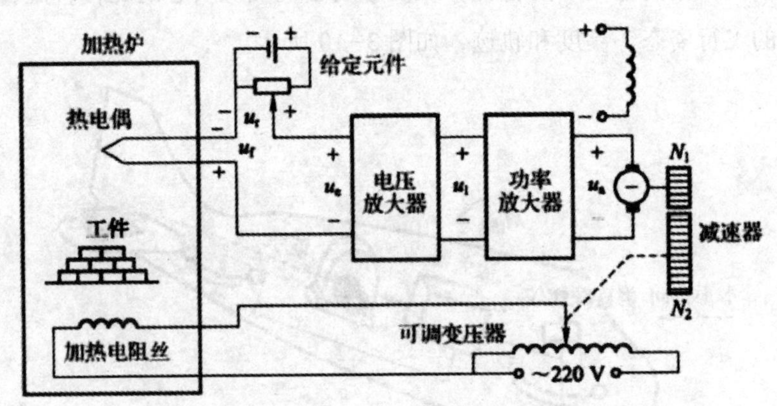

图3-11　加热炉温度控制系统原理图

3.4.3 恒压供水控制系统

恒压供水控制系统使用由PID调节器、单片机、PLC等组成的专用变频器，通过调整水泵电动机的转速来控制其输出流量，达到自动恒压供水的目的。恒压供水控制系统原理如图3-12所示。

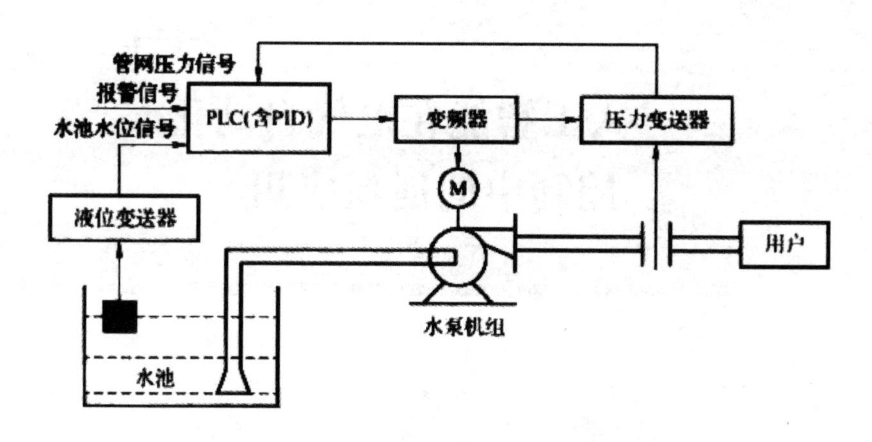

图 3-12　恒压供水系统的工作原理

从图 3-12 中可以看出，恒压供水系统采用闭环控制策略。供水管网安装的压力变送器可以检测水压，并将水压转化为对应的压力信号反馈至 PID 调节器。PID 调节器接收此反馈信号，将其与预设的给定压力信号进行比较，进行 PID 计算，产生相应的控制信号。这一控制信号被发送至变频器，作为其调速的参考指令。随后，变频器根据这一指令调整水泵电机的转速，以确保供水管网中的压力始终保持在预定值，实现恒压供水。

4 人工智能在电气自动化控制中的创新应用

4.1 人工智能简述

人工智能是基于计算机科学、信息论、控制论、系统论、神经生理学、心理学、语言学、数学和哲学等多个领域的交叉与融合发展而来的新兴学科。作为一门跨学科的前沿科技领域，人工智能不仅吸收了众多学科的研究成果，还不断地推陈出新，产生新的思想、理论和技术。由于其重要性和突出的成就，人工智能受到了广大社会和学术界的高度关注和赞誉。人工智能技术与原子能技术和空间技术并列，被视为20世纪的三大科技里程碑。

人工智能被视为继三次工业革命之后的新一轮革命，前三次革命的主要目标是增强和替代人类的手部功能，从而将人类从重型体力工作中释放出来。而人工智能的革命是对人类思维能力的扩展，其目的是实现思考和脑力工作的自动化。

4.1.1 人工智能的发展演变

1. 人工智能的起源、形成与发展

人工智能的产生是有深厚背景的，从思维角度看，它是人类对能实现计算和推理的智能机器的长期探求的结果。理论上，它是多学科的交汇产物，物质基础则是电子数字计算机的诞生和普及。人工智能的产生和发展过程大致经历

了以下几个阶段。

（1）孕育期。在20世纪30年代至20世纪40年代，智能领域的两大突破是数理逻辑与关于计算的创新观念。一系列研究者，如伯特兰·罗素（Bertrand Russell）等，揭示了推理的某些方面可以用比较简单的结构加以形式化。1913年，19岁的诺伯特·维纳（Norbert Wiener）在论文中进一步简化了数理关系理论，并为数理逻辑做出了重要贡献。他的思想与艾伦·麦席森·图灵（Alan Mathison Turing）后来的逻辑相似，数理逻辑是人工智能研究的核心，部分原因是一些逻辑演绎系统已在计算机上得到实现。计算与智能的关系在计算机出现前，通过逻辑推理的数学形式已被确立。

图灵等学者对计算本质进行探索，建立了形式推理与即将出现的计算机之间的桥梁。他们认为计算并不仅仅是关于数字，数字只是解读机器状态的一种方式。图灵被誉为人工智能之父，他不仅构想了一个简化的通用非数字计算模型，而且阐述了计算机可能以被视为"智能"的方式运行的理念，霍夫施塔特的1979年作品《一条永恒的金带》（*An Eternal Golden Braid*）深入探讨了这些逻辑、计算思想与人工智能之间的联系，为人们提供了深刻且吸引人的见解。[①]

（2）形成期。1956年夏天，约翰·麦卡锡（John McCarthy）、海曼·明斯基（Hyman Minsky）和克劳德·艾尔伍德·香农（Claude Elwood Shannon）等四位年轻学者联手召集了各方学者，在达特茅斯学院举办了长达两个月的研讨会。该会议聚焦于如何使用机器模拟人类的智能，并首次提出了人工智能这一名词。这一重要事件被誉为人工智能学科的正式起点，具有里程碑式的意义。参与这次会议的学者，大多来自数学、心理学、信息论、计算机和神经学等领域，其中许多人后来都在人工智能领域做出了卓越贡献，并成了该领域的权威专家。

1969年，第一次国际人工智能联合会议召开，紧接着在1970年，《人工智能》这本国际杂志也正式创刊。这些重要的学术活动和刊物的出现，不仅为全球的学者提供了一个分享和交流的平台，更对人工智能的国际学术研究和整体发展起到了关键性的推动作用。

① 乔琳．人工智能在电气自动化行业中的应用[M]．北京：中国原子能出版社，2019：2.

控制论在人工智能的早期研究中起到了显著的影响，艾伦·纽厄尔（Allen Newell）和赫伯特·亚历山大·西蒙（Herbert Alexander Simon）在1972年的经典之作《人类问题的解决》（*Human Problem Solving*）中强调了这一点。他们在书中的“历史补篇”部分详细描述了20世纪中叶人工智能奠基阶段的几大主导思潮。其中，维纳、詹姆斯·克拉克·麦克斯韦（James Clerk Maxwell）及其他学者提出的关于控制论和自组织系统的理念，特别关注了由“局部简单”组成的系统在宏观层面上的特性，为人工智能的发展提供了重要的理论基石。

1948年，维纳发布了一篇革命性的论文，为近代控制论打下了坚实的基础，并为人工智能的行为主义方向提供了新的视角。中国的杰出科学家钱学森提出的“工程控制论”为控制论领域注入了新的活力，被广泛认为是该领域的重要突破。控制论所带来的深远影响跨越了多个学科，其核心理念成功地将神经系统、信息论、控制原理、逻辑及计算紧密融合，成为连接各学科的关键纽带。这种独特的观点不仅在当时占据了主导地位，而且在很大程度上指导和启发了众多早期至现代的人工智能研究者。

最终把这些不同思想连接起来的是由图灵、冯·诺依曼和其他一些人所研制的计算机本身。随着计算机技术的实际应用成为可能，人们很快开始开发早期的人工智能程序，如解决智能测验、下棋和进行语言翻译。推动人工智能发展的核心是在计算机的早期设计中，涉及的许多与人工智能息息相关的创新概念，如存储技术、处理能力、系统控制，以及高级编程语言。但值得注意的是，计算机的高度复杂性是使人工智能崭露头角的主要因素。这种复杂性激发了新的研究方向，使人们专注于如何让计算机描述和处理复杂的过程，这通常涉及复杂的数据结构和多种计算步骤。

（3）发展期。20世纪60年代至20世纪90年代，人工智能的应用研究取得明显进展。首先，专家系统显示出强大的生命力。爱德华·费根鲍姆（Edward Feigenbaum），被誉为“专家系统和知识工程之父”，他在1968年领导其团队成功研发了第一个专家系统DENDRAL，用于分析有机化合物的分子结构；1972—1976年，他们又推出了MYCN医疗专家系统，专门用于抗生素治疗；接下来，多个知名的专家系统如PROSPECTOR、CASNET、R1等被研发出来，并广泛应用于各种领域如医疗、地质、计算机设计等。1977 年，费根鲍姆进一步引入了知识工程这一概念；20 世纪 80 年代，专家系统与知识工程在全球范围内迅速发展。研究者普遍认为，人工智能系统本质上是一个知识处理系统，其中知识的表示、利用和获取是其三大核心问题。

专家系统是人工智能发展中的杰出成果，其充分展示了人工智能的潜力和价值。它不仅已经取得了重大进展，而且正积极朝向更高的目标发展。目前，研究者正在探索新的结构、融合各种算法，以及进入更多未被涉及的应用领域，从而持续推动这一技术的发展。

在专家系统之后，机器学习已经成了人工智能的核心应用领域；虽然其诞生早于专家系统，但它的发展并不总是一帆风顺的，它经历了从初创、沉寂、复兴和高速增长四个阶段。20 世纪 80 年代，神经网络的再次崛起、新的强化学习算法的诞生，以及遗传算法的优化和实践，都为机器学习带来了革命性的工具，助推了数据挖掘和知识发现的飞速进展。到了 20 世纪 90 年代，机器学习无疑成了人工智能中最引人注目的部分。进入 21 世纪，结合数据挖掘和知识发现的机器学习方法已经成为前沿研究的焦点，它会继续深刻影响人工智能的发展。

计算智能在人工智能的发展历程中起到了关键作用，为人工智能赋予了稳固的理论基础和广泛的应用范围。这一领域是信息科学与生命科学相结合的结果，并且是生物信息学的核心研究领域。计算智能研究始于 1943 年麦克洛克和沃尔特·皮茨（Walter Pitts）提出的“似脑机器”，奠定了人工神经网络的初步基石。到 20 世纪 80 年代，随着神经网络研究的深化，连接主义成了人工智能中的新兴学派。

在计算智能领域，除了神经计算以外，模糊计算、粗糙集理论、进化算法与遗传算法、群计算与自然计算等构成了该领域的其他关键分支。模糊计算源于 1965 年出现的模糊集合概念，致力于处理模糊性和不确定性问题。该领域经过多年的探索与研究，已经形成了一套成熟的理论和方法，为模糊信息的处理提供了系统的解决方案。

进化计算作为计算智能的另一支柱，其研究可追溯至 20 世纪 60 年代。该领域在随后的十年中取得了重要发展。进化计算能够模拟生物的遗传和自然选择机制，进而构建优化搜索算法。这种算法能够利用生物进化的数学模型，进行问题求解和决策制定，其适应性和鲁棒性在复杂问题求解中尤为显著。

遗传算法自1975年出现起，已经历了长期的发展，目前已经发展成为一套成熟的技术体系。遗传算法作为进化计算的一个重要分支，其独特的编码、选择、交叉和变异机制为优化问题提供了有效的解决途径。该算法在众多领域，如工程优化、机器学习和人工生命等，均展示了强大的搜索能力和应用潜力。

在过去的十年中，机器学习、计算智能、人工神经网络，以及行为主义等领域的研究得到了进一步发展，达到了一个研究高潮。在此期间，各个人工智能学派之间的观点和方法产生了激烈的讨论。这种深入的研究和不同学派间的争论相互促进，都为人工智能领域带来了更为广泛和深入的研究进展。

中国在人工智能领域的研究相对于西方国家起步较晚。1978年，我国正式将智能模拟研究纳入国家的研究计划，这标志着我国人工智能研究正式开启。1984年，我国召开了全国性的学术讨论会讨论了关于智能计算机及其系统的相关问题。1986年，我国进一步加大了对人工智能的重视，将智能计算机系统、智能机器人、智能信息处理（包括模式识别）等关键领域列为国家高技术研究的重点项目。1993年，智能控制和智能自动化等领域也被纳入国家的科技攀登计划。随着21世纪的到来，我国对人工智能和智能系统的研究得到了更广泛的支持，多个研究项目获得了各类基金和国家计划的资助。

中国在人工智能领域已取得多项国际领先的突破，尤其是吴文俊院士提出的关于几何定理证明的“吴方法”对人工智能领域的发展产生了广泛影响，该方法并与袁隆平院士的“杂交水稻”技术共同获得首届国家科学技术最高奖。目前，我国大量的科研人员积极投身于人工智能的各个方向，他们的研究和发现将助力我国的其他学科进步和国家现代化进程。

2.人工智能的主要学派

人工智能的目标是模拟人类大脑，是为了构建一个与外界不断交换物质、能量和信息的开放且极度复杂的系统。模拟大脑的智能行为面临两大挑战。首先，人们对大脑的智能行为，以及其内部工作方式仍不完全了解。其次，人们尚未发现适当的模拟模型，能够物理地再现一个同时具有物理、生物和意识属性的真实系统。这两大难题使完全模拟人类大脑的智能变得极为困难。

根据现有的理解，利用无机系统完整模仿有机的人类大脑似乎是一项很难的任务。如果人们将人脑的结构和功能作为蓝本，努力构建一个与其在拓扑结构上相似的人工智能系统来仿真人的智能行为，这将是一个极富潜力的研究方向。虽然达到与人脑相同的复杂度和功能是一个巨大的挑战，但在人工智能领域中，这样的探索是应当得到肯定和支持的。

在人工智能领域中，模拟人类大脑智能存在有两大主流方法。一种是心理学派所倡导的，他们从心理学的宏观视角出发探索人脑的记忆和思维过程，希望构建一个能反映人类智能行为的“心理学模型”；另一种则是生理学派所推崇的，他们基于人脑的神经网络结构，意图建立一个“生理学模型”来模拟智能行为。这两种途径分别从宏观的行为和微观的机制进行模拟，为人工智能研究提供了“心理模式”和“生理模式”两种独特的方法论，从而分别深化了人工智能的研究方向。

目前人工智能的主要学派有符号主义、连接主义、行为主义。各学派对人工智能的发展历史有不同的看法，都做出了不同的贡献。

（1）符号主义。符号主义，也称作心理学派，它主要基于两个核心原则：物理符号系统假设和有限合理性原理。

符号主义作为人工智能研究的一种主导模式，其理论框架建立在一种假设之上，即认知过程本质上是一种基于符号操作的信息处理过程。该观点得到了西蒙、纽厄尔等学者的广泛支持。该理论将人的思维视为一系列符号的运算和变换，这些符号及其操作原则构成了心理模式的核心。

在符号主义视角下，思维被视为对符号进行操纵的过程，这些符号代表了外部世界的实体、状态和事件。该理论认为，通过对符号进行操作，人工智能可以生成新的符号，从而产生推理和解决问题的能力。鉴于此，符号主义的研究力图将人类的认知过程转化为计算机程序，通过算法的形式来描述和模拟人的思维。在这一理论框架中，人工智能被认为是基于符号的表示和符号操作规则的组合。

符号系统的设计旨在捕捉事物的本质属性，将之转换为一系列符号，然后通过逻辑推理的程序来处理这些符号。根据符号主义的观点，思维过程可以被抽象为一系列符号的演算过程，这些过程由一组规则控制，这些规则定义了符号之间可行的转换。这些规则通常以逻辑表达式的形式体现，例如产生式规则、谓词逻辑或其他形式的逻辑系统。产生式规则是一种条件－动作对，产生式规则可以指出在符号系统的状态满足这个条件时，应当执行的动作。这种形式化的描述使人们可以在计算机上实现这些认知模型，并对人类智能的某些方面进行模拟。

1960 年，专为符号处理设计的“人工智能语言”LISP 出现。紧接着，在 20 世纪 70 年代，西蒙等人提出了知名的物理符号系统假设。这两项创新在人工智能的历史进程中都起到了关键作用。LISP 作为首个完善的“人工智能语言”，为一代的人工智能研究者提供了重要的工具，并被誉为程序设计语言的重大突破和里程碑。

西蒙等人提出的物理符号系统假设是人工智能研究的核心原则之一。这一假设认为，人工智能可以通过将现实世界中的事物、行为和它们之间的关系转化为符号并在这些符号之间建立连接来模拟和解释智能。这一假设的核心观点是，人类智能的基础构成是符号。这些符号不仅代表了人们的知识，而且可以进行操作和运算。因此，人的思维过程可以被视为在这些符号上进行的计算，即人的认知活动实际上是基于符号表示的符号处理过程。

（2）连接主义。连接主义，也被称为生理学派，是一种基于神经网络及其内部连接机制与学习算法的智能模拟方法。它深受神经网络及其连接结构和学习策略的启发。这个学派将人工智能的发展基础建立在仿生学上，尤其是将严重重点放在对人类大脑模型的研究上，这意味着，连接主义试图通过模拟大脑的工作方式来理解和建立智能系统。

连接主义认为人的智能是人脑高级活动的产物。它主张，智能行为并不是由单一的复杂实体产生的，而是由大量的简单单元通过密集的互相连接形成的，并且这些单元是并行工作的。在这一学派中，人工神经网络模拟了大脑中神经元的连接和交互方式，为智能系统提供了一种模型。

连接主义认为，大脑中的神经元不仅仅是构建的基础，更是行为响应的关键。在这种观点里，思维是由神经元的连接活动产生的，而非符号运算，他们不同意物理符号系统的看法，并相信思维和认知是由众多相互交互的神经元共同完成的，而不是单独的少数神经元。

工程技术是该学派中常用的一种方法，它采用大量的非线性并行处理器来模仿人脑的神经元，并通过处理器间的复杂连接模拟神经元之间的突触行为。这种技术在某种程度上成功模仿了人的形象思维，即模拟了人右脑的形象抽象思考功能。

连接主义的早期里程碑是 1943 年由生理学家麦卡洛克和皮茨推出的麦卡洛克 - 皮茨模型。这个模型提炼了神经元的核心生理特点并为其提供了数学描述，为模拟神经活动开创了新纪元，并为使用电子设备模仿人脑打下了基础。20 世纪 80 年代，离散和连续的神经网络模型的出现为神经网络在电子设备上的仿真指明了方向。1986 年，反向传播算法的出现为多层网络带来了理论上的重大进展。随着时间的推移，大量科研工作者参与到神经网络的研究中来，使神经网络在图像处理、模式识别等领域获得了显著的进展，进一步为连接主义的智能模拟奠定了坚实的基础。

（3）行为主义。行为主义又称控制论学派，是一种基于“感知—行动”的行为智能模拟方法。

行为主义起源于 20 世纪初的一个心理学方向，该学派视行为为有机体对环境变化的适应性身体反应的集合，并致力于预测和控制这些行为。维纳和麦卡洛克等学者提出的控制论与自组织系统理念，以及钱学森提出的工程控制论和生物控制论，对多个领域产生了深远的影响。控制论将神经系统的运作方式与信息学、控制理论、逻辑，以及计算机紧密关联。在其早期的探索中，研究焦点集中在模仿人在控制活动中展现的智能行为。控制论对自寻优、自适应、自校正、自镇定、自组织和自学习等系统进行了深入的研究，并致力于开发“控制动物”。20 世纪 60 至 20 世纪 70 年代，这些控制系统的研究取得了显著的进展。20 世纪 80 年代，智能控制与智能机器人系统的诞生标志着控制论研究在应用领域的进一步拓展和深化。

目前，行为主义人工智能研究已快速崭露头角并取得了引人注目的成就。它所使用的动作分解结构、分布式并行处理和自底向上的解决策略已经成为人工智能领域的新的焦点。

在人工智能历史中，符号主义学派是关键方向之一，他们认为认知是符号处理过程，并以符号来描绘人类思维。他们的方法偏向于使用静态、线性和串行的计算模型，重视知识的符号表示和计算过程，并采纳自上而下的策略。连接主义学派模仿人类神经系统中的认知过程，主张认知是由相互连接的神经元所产生的交互作用，提供了与符号处理模型截然不同的研究模式。行为主义学派与前两者有所不同，它将智能作为系统与其环境间的交互和对外部环境的适应。每个学派在实践中都形成了独特的问题解决策略，并在各自的时代都展现了成功的案例。例如，符号主义通过从定理证明机器、归结方法到非单调推理等方式解决问题；连接主义利用归纳学习解决问题；而行为主义则利用反馈控制模式和广义遗传算法等手段解决问题。这三大学派在人工智能的历史进程中一直在经验与实践中不断地调整和证伪。

4.1.2 人工智能的研究目标

人工智能的研究目标可分为近期目标和远期目标。

人工智能的近期目标是研究依赖现有计算机去模拟人类某些智力行为的基本原理、基本技术和基本方法，即先部分或某种程度地实现机器的智能，从而使现有的计算机更灵活、更好用和更有用，成为人类的智能化信息处理工具。

人工智能的远期目标是探索如何通过自动机来模仿人类的思维和智能行为，以创造真正的智能机器。这意味着人工智能赋予计算机感知（如视觉和听觉）和交互（如说话和写作）的能力，让它们拥有高级的思考技巧，如联想、推理和学习。此外，人工智能还应具备分析问题、解决问题及创新的能力。

4.1.3 人工智能的研究领域

人工智能的核心目标是利用计算机来模仿人类的智能功能。为实现这一目的，人工智能的研究涵盖了多个子领域，包括模式识别、自动定理证明、机器视觉、专家系统、机器人、自然语言处理等多个方面。

现代人工智能研究已经在多个领域取得了显著进展，例如在自动语言翻译、战术策略研究、密码学分析，以及医疗诊断方面都有所突破。然而，尽管人工智能研究已经取得了这些成就，要实现真正意义上的完全智能仍然需要克服许多挑战，并持续深入探索。

1. 模式识别

模式识别是人工智能较早研究的领域之一，其主要是指用计算机对物体、图像、语音、字符等信息模式进行自动识别的科学。

模式的原意是提供模仿用的完美无缺的标本，模式识别就是用计算机来模拟人的各种识别能力，识别出与给定的事物相同或者相似的标本。

模式识别的基本过程包括样本的采集、信息的数字化、数据特征的提取、特征空间的压缩，以及提供识别的准则、识别结果地给出。在识别过程中需要学习过程的参与，这个学习的基本过程是先将已知的模式样本进行数值化，送入计算机，然后将这些数据进行分析，去掉对分类无效的或可能引起混淆的那些特征数据，尽量保留对分类判别有效的数值特征，经过一定的技术处理，制订出错误率最小的判别准则。

目前，模式识别的焦点主要在图形识别和语音识别。图形识别关注各类图形（如文字、标志、图像等）的分类研究，涉及印刷文字、某些手写体、指纹及细胞（如白细胞、癌细胞）的识别，这些技术已经达到了实用化的阶段。语音识别主要研究各种语音信号。语音识别技术近年来发展很快，现已有商品化产品（如汉字语音录入系统）上市。

2. 自动定理证明

自动定理证明是指利用计算机证明非数值性的结果，即确定它们的真假值。

在数学领域中对臆测的定理寻求一个证明，一直被认为是一项需要智能才能完成的任务。在证明定理时，人工智能不仅需要有根据假设进行演绎的能力，而且需要有某种直觉和技巧。

早期研究数值系统的机器是 1926 年制成的。这架机器由锯木架、自行车链条和其他材料构成，是一台专用的计算机。它可用来快速解决某些数论问题。素性测试，即分辨一个数是素数还是合数，是这些数论问题中重要的问题之一。一个问题的数值解所应满足的条件可通过在自行车链条的链节内插入螺栓来指定。

自动定理证明的方法主要有四类。

（1）自然演绎法。自然演绎法是依据推理规则，从前提和公理中推出许多定理，如果待证的定理恰在其中，则定理得证。

（2）判定法。判定法是找出一类问题统一的在计算机上可实现的算法。在这方面一个著名的成果是我国数学家吴文俊教授于 1977 年提出的初等几何定理证明方法。

（3）定理证明器。定理证明器研究一切可判定问题的证明方法。

（4）计算机辅助证明。人工智能采用计算机作为其核心工具，借助计算机的高计算速度和大存储容量来辅助人们完成繁复的计算、推理和全面探索，这在纯手工方法中是难以实现的。例如，1976 年美国科学家利用两台不同的计算机，经过 1200 小时的计算，进行了大约 1000 亿次的判断操作，成功地完成了四色问题的证明。这一证明解决了一个困扰学术界超过一个世纪的数学难题，引起了国际上的广泛关注和赞誉。

3. 机器视觉

机器感知是指计算机模拟人类直接对外界进行感知的能力。这意味着计算机能够利用类似于人类的“感觉器官”来直接从周围环境中捕获信息。例如，它可以使用视觉设备来捕捉图像和图形数据，或使用听觉设备来捕获声音数据。而机器视觉需要研究在复杂环境中移动或在多变场景中识别物体时，计算机的视觉数据，以及从所捕获的图像中提取这些关键信息的方法。

4. 专家系统

专家系统是一种高级计算机应用，它在特定领域中模拟人类专家的决策能力。专家系统集成了大量的专家级知识，包括具体的领域知识和实践经验。这种系统不仅可以模拟专家的思考过程，而且能够像专家那样处理复杂的问题，并做出专家级的决策。这个过程主要是通过软件实现的，专家系统可以基于已有的知识进行推理，并得出结论。此外，专家系统还能整合、储存、回顾和分享专家的知识和经验，使其易于传播和应用。

专家系统作为人工智能的一个核心领域，始于 20 世纪 60 年代中期。在接下来的两个十年，即 20 世纪 70 年代和 20 世纪 80 年代，专家系统经历了迅速的发展。如今，专家系统已被广泛地应用于多个关键领域，包括医疗诊断、地质勘探、资源分配、金融服务，以及军事指挥等领域，并在这些领域展现了它广泛的实用性和影响力。

5. 机器人

机器人是一种可编程的多功能的操作装置。机器人能认识工作环境、工作对象及其状态，能根据人的指令和“自身”认识外界的结果来独立地决定工作方法，实现任务目标，并能适应工作环境的变化。

随着 20 世纪 60 年代工业自动化和计算机技术的崛起，机器人走入了大规模生产和实际应用的新时代。由于自动组装、深海探索和太空探测等领域对机器人的智能能力有更高的期望，尤其在危险或人类难以执行的环境中机器人的需求较高，这促使了机器人研究的加深。机器人为人工智能提供了理想的实验平台，能够全方位地验证各种人工智能技术并研究它们之间的相互作用。

6. 自然语言处理

自然语言处理是计算机对人类自然语言，包括口头和书面形式，如汉语和英语的理解。自然语言处理利用人工智能理论将自然语言转化为计算机程序。

计算机有自然语言处理能力的标志有以下几种。

（1）计算机具备了处理和响应用户提供的内容中相关问题的能力。通过对输入的信息进行分析，计算机能够为用户提供准确的答案。

（2）计算机具有使用不同的表达方式表达词汇的能力，能够重新描述或解释输入系统中的文本内容。

（3）计算机具有针对接收到的输入文本或语言，采用不同的词汇和句式进行重新表达和描述的能力。

（4）计算机具有将文本从一种语言自动转化为另一种语言的能力，这种能力被称为机器翻译功能。

4.2 专家系统在电气自动化行业中的应用

4.2.1 专家系统的基本介绍

1. 专家系统简述

费根鲍姆将专家系统定义为一种智能的计算机程序，它运用知识和推理来解决只有专家才能解决的复杂问题。这里的知识和问题均属于同一个特定领域。[①]

专家系统与普通的计算机程序系统有所不同，专家系统是以知识库和推理机为核心元件，能够处理具有非确定性的复杂问题。追求问题的最优解与专家系统不同。追求问题的最优解是通过应用知识获得一个满意的答案。这种系统强调将知识库与包括推理机在内的其他子系统进行独立分离。通常情况下，知识库与特定的领域紧密相关，而像推理机这样的子系统则具备更广泛的适用性。

一个专家系统的基本结构如图 4-1 所示。

① 宝力高．机器学习、人工智能及应用研究[M]．长春：吉林科学技术出版社，2021：35.

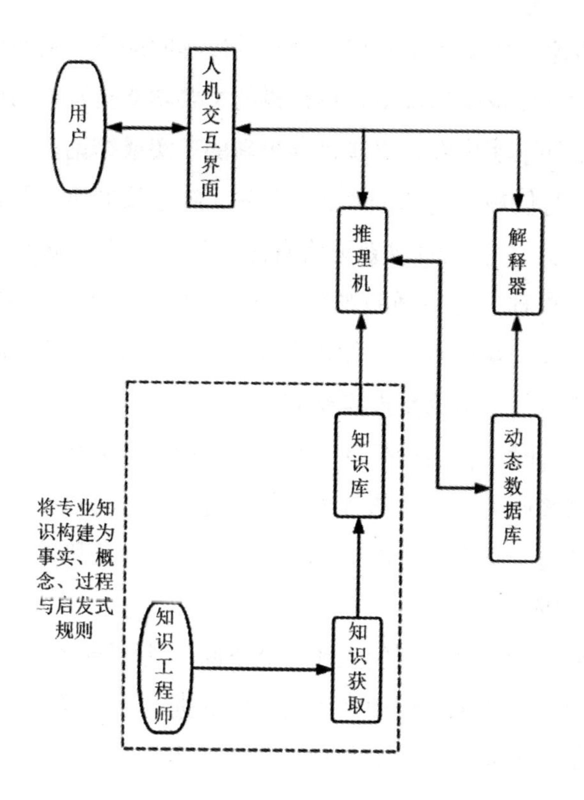

图 4-1　专家系统的基本结构

知识库是专家系统中存储领域知识的部分，通常包括事实、概念、过程、启发式规则等。这些知识元素以某种形式表示，如逻辑断言、语义网络、框架、规则和本体等。

事实是对领域内对象、事件或状态的描述，通常是确定性的信息；概念是对领域内实体的分类和属性的描述；过程描述了在特定条件下需要执行的步骤或操作序列；启发式规则是从专家的经验中提炼出的，用于解决问题的指导性建议，它们通常是“如果 – 则”规则，表示在特定条件下应该采取的行动或得出的结论。

知识库的构建是一个复杂过程，涉及知识的获取、表示和组织。知识获取是从领域专家那里提取专业知识的过程，知识表示则是指将获取的知识以某种计算机可处理的形式编码。知识库需要有良好的组织结构，以便推理机可以有效地检索和应用知识。

推理机是专家系统中用于模拟人类推理过程的部分，它使用知识库中的知识来解决特定的问题或做出决策。推理机的主要功能是知识的应用，通过逻辑推理过程，从已知事实出发，逐步推导出新的事实或结论。

推理机的运行依赖以下几个方面。首先，搜索策略决定了推理机在知识库中搜索答案的方式，常见的搜索策略有深度优先策略、宽度优先策略等；其次，推理规则是推理过程遵循的逻辑规则，如模态逻辑、概率逻辑等；最后，推理方法涉及具体的推理算法，如正向推理（从已知事实到结论的推导）、反向推理（从希望得到的结论反推需要的事实）等。

推理机在运行时，会根据推理规则从知识库中选取相关知识，并将其应用于当前的问题情境中。它会评估各种可能的选项，并通过推理过程产生解决方案。推理机还负责处理不确定的情况，例如当有多条规则同时适用时，它需要选择最适合的规则。

动态数据库作为一个专门的工作存储空间，其主要功能是储存初始的已知条件、明确的事实、推理过程中产生的中间数据，以及推导出的最终结论。这种数据库不仅保存着知识库中的各种知识，还涵盖了在整个推理过程中使用的数据，以及得到的各种结果。

人机交互界面作为系统和用户之间的桥梁，起到了关键的沟通作用。当系统运行时，它允许用户通过此界面将数据输入系统内部。当系统需要向用户传达某些信息时，它也会通过这个界面展现出来。人机交互界面是一个双向的通道，不仅使用户能够向系统提供数据，也使系统能够向用户展示输出结果或反馈信息。它确保了用户与系统之间的流畅和高效的沟通，是实现有效交互的关键工具。

解释器是专家系统中的一个独特模块，它明显区别于传统的计算机软件。当用户与专家系统交互并希望系统为其提供某些内容的解释时，解释器便起到了关键作用。解释器主要包括两类解释："Why 解释"与"How 解释"。前者回答"为什么"这一问题，而后者回答"如何得到"的问题。以医疗专家系统为例，当系统建议患者进行验血，而患者想要理解为何要这么做时，他们可以通过人机交互界面输入"Why"。随后，系统会利用解释器，根据其推理的结果，向患者解释，当系统建议用户进行某种操作或提供诊断结果时，用户往往希望理解背后的原因。当专家系统诊断出患者患有肺炎，患者可能会对此产生疑问。为了明白这一诊断的依据，患者可以通过人机交互界面输入“How”。这时，系统将利用解释器功能，展示其如何基于患者的症状进行推理并得出肺炎的结论。此功能确保用户不仅仅是盲目地信任系统，而是能够了解并理解其所基于的逻辑和推理过程，从而建立对系统的信任。

2. 新型专家系统

（1）深层知识专家系统。深层知识专家系统融合了专家的经验性知识和深入的专业领域知识，使其具有更高级的智能化，更接近真正的专家判断水平。以故障诊断专家系统为例，除了拥有专家对于故障的经验判断外，如果系统还内涵了与设备相关的基本工作原理并能够对其进行原理分析，那么其对故障的判断将更加精准。但这带来了一个挑战：如何有效地整合这两种不同类型的知识，即专家的经验性知识和深入的专业领域知识，以实现更优的诊断和决策效果。

（2）模糊专家系统。模糊专家系统主要通过模糊推理技术来处理问题，特别是那些包含不确定或模糊信息的复杂问题。这个系统不仅能直接处理模糊数据，而且可以将明确的数据或信息转化为模糊形式，再通过模糊推理来进行分析和解决，以应对各种复杂的问题情境。

模糊推理可以分为两种主要方法。一是基于模糊规则的串行演绎推理；二是基于模糊集并行计算的推理，即模糊关系合成的推理。模糊关系矩阵在这里起到了类似于传统知识库的作用，而处理这模糊关系矩阵的计算过程可以视为传统推理机的角色。

（3）神经网络专家系统。神经网络专家系统集成了神经网络的核心特性，例如自学习、自适应、分散存储、联想记忆和并行处理，这些特性与其高度的鲁棒性和容错能力相结合，为实现专家系统的多种功能模块提供了强有力的支持。在构建此类专家系统时，人们需根据具体问题的规模和复杂度，建立相应的神经网络结构。通过专家提供的示例和规则，人们对系统进行网络的训练和调整，确保神经网络经过充分训练后能够准确处理输入数据，输出预期结果。在此过程中，知识库被整合至网络之内，推理过程即为网络的计算流程，这表现为一种并行推理方式。

神经网络专家系统具有出色的鲁棒性和容错性。此外，该系统可进一步发展为神经网络控制器，从而推动智能控制设备和系统结构的创新。模糊技术与神经网络二者间存在互补关系。基于此，学者创建了模糊神经系统，为模糊技术与神经网络的融合开辟了新的研究方向。

（4）大型协同分布式专家系统。该专家系统是由多个学科和多位专家共同参与并协作完成的大规模系统，它采用了分布式的体系结构，因此非常适合在分布式网络环境中的应用。这种结构确保了跨领域的专家可以共同解决复杂问题。

分布式专家系统的设计允许将知识库和推理机分散在计算机网络中，或者同时分散两者。该系统还结合了问题分解、分配问题及合作推理等关键技术。

问题分解是按照特定的原则，将主要问题拆分成多个子问题，分配问题则涉及将这些子问题委派给相应的专家系统进行处理。这些专家系统不是孤立工作的，而是通过合作推理来相互协调的。这意味着，这些在不同节点的专家系统会通过通信方式相互交流和协作，当这些系统之间出现不同的观点时，它们可能需要进行辩论，寻找共同点，或者达成某种折中方案，以确保问题得到正确和高效的解决。

（5）网上（多媒体）专家系统。网上专家系统是部署在互联网上的专家系统，它采用了浏览器 / 服务器的模式。在这种结构中，浏览器作为用户与系统的交互界面，而核心元件如知识库、推理机和解释模块则都放置在服务器端。

多媒体专家系统是将多媒体技术融合到人机交互界面中，为其带来多媒体信息的处理能力。这种技术的引入不仅优化了用户与系统之间的交互体验，还增强了系统模拟人类专家思维的真实感和效果。通过结合多媒体形式，该系统为用户提供了更为丰富和直观的信息交流方式。

结合网络技术与多媒体功能是专家系统的理想化发展方向，这种融合将极大地增强专家系统的实际应用价值，因为网络的普及性与多媒体的交互体验共同提升了系统的便捷性和用户体验。这样的结合无疑将使专家系统更具吸引力和效用。

（6）事务处理专家系统。事务处理专家系统将传统的计算机应用系统，如财务、管理信息、决策支持和计算机辅助设计等，与专家模块相结合，实现了专家系统与主流数据处理应用的有机融合。这种结合改变了过去将专家系统与常规应用分隔的观念，强调专家系统只是一种更高级的计算机应用而非神秘的独立体系。该系统的关键在于将基于知识的推理与常规的数据处理技术结合，使两者相得益彰。随着面向对象技术的持续进步，这种融合模式得到了进一步的加强，为系统的建造提供更多便利。

4.2.2 专家系统应用的必要性与意义

专家系统是计算机科学领域的一个子领域，致力于模拟人类专家的决策能力，以便在特定领域内解决特定问题。专家系统的应用具有显著的必要性和意义，具体体现在以下几个方面。

1. 进行知识保存与传承

专家系统是一种将人类专家的知识和经验编码并嵌入计算机程序中的技术，其能够长久地保存和维护人类专家的宝贵智慧。不同于传统的教育和培训方式，这些系统不会受到时间的侵蚀，不会遗忘，也不会因个体的健康、情感或其他因素受到影响。更重要的是，当原始的知识提供者，即那些在某一领域内具有丰富经验和专业知识的专家因各种原因离开，如退休、转职或不幸去世，他们的知识和经验仍然可以通过专家系统为社会所用。这为知识的传承和普及提供了一个稳定且高效的渠道，确保社会不因个别专家的离开而失去重要的专业知识。

2. 能够提高决策速度和质量

与人类专家相比，专家系统具有独特的优势，尤其是在数据处理和信息分析方面。基于先进的计算能力，这些系统可以在极短的时间内分析大量数据，进行复杂的推理，并输出判断或建议。这意味着在需要迅速响应的情境中，例如紧急医疗诊断、实时市场分析或高速生产线上的质量控制，专家系统能够确保在瞬间做出高质量的决策。而人类专家可能需要更多时间去处理同样的信息，并可能受到疲劳、偏见或其他人为因素的影响。因此，专家系统在确保快速且准确响应方面，为各种行业和应用领域提供了巨大的价值，尤其在当前这个数据驱动的时代。

3. 能够降低成本

建设专家系统的初期确实需要资金和时间投入，包括知识的获取、编码和系统的设计与测试，从长远的角度看，这种投入会带来巨大的回报。专家系统可以大幅减少由于错误决策造成的经济损失和资源损失。在某些情况下，一个小的错误可能导致数百万的损失或对公众安全造成严重威胁，专家系统通过确保决策的一致性和准确性，大大降低了这些风险。专家系统尽管需要维护和更新，但相较于长期聘请和培训高水平的人类专家，其费用要低得多。专家系统不需要休假、不会生病，且可以全天候服务。因此，从经济效益和稳定性的角度考虑，长期使用专家系统无疑是一种明智的投资。

4. 可以持续工作

与人类专家相比，专家系统具有独特的优势，它们不受疲劳、情感波动或个人偏见的影响。这意味着它们的决策和推理始终是基于纯粹的数据和事实，而不会受到外部因素的干扰，因此，其输出结果更加公正和客观。专家系统可以 24 h 不间断地工作，无须休息，这样能够确保任务的持续进行，这种连续性和一致性特别适用于需要实时监测或快速响应的场合，如紧急医疗响应或工业生产线，专家系统提供了一个高效、稳定且始终可靠的知识和决策来源。

5. 能够普及专业知识

专家系统的存在极大地拓宽了公众获取和应用专业知识的途径，通过这些系统，即便是那些并非专家的普通人，也能够访问到深奥的专业知识，从而进行决策或解决问题。这实际上降低了专业知识的门槛，使更多人能够受益于专家的经验和见解。这种普及化的知识传播促进了社会的公平性，使不同的人群，不论其背景或经验如何，都能享有平等获取和利用知识的机会。专家系统不仅增强了知识的价值，还赋予了普及化的意义，为构建一个更加知识化和公正的社会奠定了坚实基础。

6. 适应高风险场合的应用

在一些高风险或具有潜在危险性的场景中，如核反应堆的运行和监控，专家系统的应用显得尤为重要。由于人类可能会受到疲劳、分心、应激或其他各种因素的影响，这可能会导致判断失误或操作错误，而专家系统则能够确保在此类关键环境中提供持续、一致和准确的监控和决策。它能够实时分析数据，快速识别和响应任何异常情况，从而预防或减轻可能的灾难性后果。它们还可以为操作人员提供重要的决策支持，确保每一步操作都是基于全面和准确的信息，因此，利用专家系统不仅提高了核反应堆等关键设施的安全性，也为其稳定、高效的运行提供了坚实的保障。

7. 应对复杂问题

对于那些涉及众多数据和变量的复杂问题，专家系统显得尤为有价值。它们具备高速的计算能力和强大的数据处理功能，能够迅速地对大量信息进行分析、分类和解读。而相较之下，人类专家在面对此类庞大和复杂的数据时，可能会受到认知负荷的限制，难以在短时间内进行全面且深入的分析。人类在处理复杂信息时可能会受到先入为主的观念、情感偏见或记忆误差的影响，而这些都可能影响到决策的质量。而专家系统能保证持续、系统和客观地分析，为用户提供更为精确和可靠的解决方案，从而在处理复杂问题时显示出其独特的优势。

4.2.3 基于人工智能专家系统的船舶电力系统故障诊断研究

随着船舶业的迅速扩张和船舶尺寸的日益增长，其电力系统也变得越来越复杂，船舶所处的空间受到限制，线路众多且密集，各种设备的部署也相当集中。再加上船舶在海上航行经常面临恶劣的自然环境，一旦电力系统中的线路或设备出现故障，其后果可能是灾难性的。因此，确保电力系统故障诊断的高准确性和快速响应成为现代船舶发展的核心课题。然而，船舶自动化技术的持续进步导致了新型船舶的线路和设备故障日益多样化，这对操作人员的知识体系提出了巨大挑战，使他们很难迅速确定故障发生的具体位置。单纯依赖专家传授新故障的诊断知识所需的时间和成本过于昂贵，因此，创建一个集成了多位专家故障诊断知识，并能持续更新新故障信息的高效诊断系统显得尤为关键。这种系统可以大幅度缩短诊断故障的时间，并降低工作人员的专业知识门槛。

1. 船舶电力系统的组成与故障特点

（1）船舶电力系统的组成。船舶电力系统大体由以下几部分构成。

①船舶电源装置。船舶电源装置是将不同能源转变为船舶所需电能的装置，多指蓄电池与发电机。

②船舶配电装置。船舶配电装置是对船舶电源装置形成的电力网与负载进行分配、保护、检测并控制的装置。

③船舶电力网。船舶电力网是船舶电力系统所包含输电线路的总称。

④其他负载设备。其他负载设备是船舶运行所需的用电装置。

（2）船舶电力系统的故障特点。在船舶的航行中，其电力系统是一个自主、高效的单元。与陆地的电力系统相比，船舶的电力系统面临更为复杂和严峻的工作条件，船舶所面对的恶劣环境和有限的空间意味着设备和线路的布置必然集中，这增加了设备之间的相互干扰。如果船上电力系统出现故障，由于各设备间的紧密关联，操作人员不及时的处理可能进一步引发连锁反应，导致更多的事故。因此，船舶电力系统的故障诊断不仅要迅速，还必须非常精确，以确保船舶的安全和稳定运行。图 4-2 为船舶电力系统网络拓扑结构。

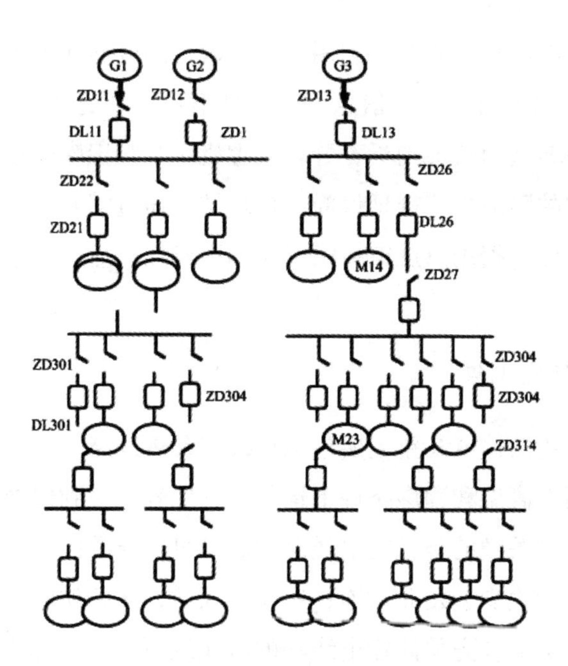

图 4-2 船舶电力系统网络拓扑结构

2. 故障诊断专家系统的总体结构

专家系统全称为基于知识的专家系统，是通过计算机程序实现专家理论推理过程，从而模拟专家思维过程解决实际问题。它包括人机交互界面、知识库、综合数据库、推理机、解释机等，整体设计结构图如图 4-3 所示。

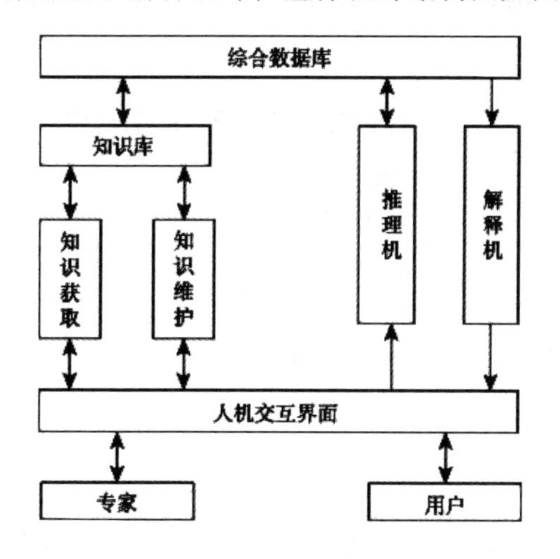

图 4-3 专家系统整体结构

用户通过持续的自我检查，利用监测参数、继电器保护响应和仪器数据等向人机交互界面输入故障现象信息。若信息不足，系统会多次请求用户补充，这些参数信息被转换为特征向量，并在推理机中与知识库中存储的故障信息进行匹配，以实现故障的快速推理诊断。推理结果通过解释机展示给用户。专家利用人机交互界面根据用户反馈持续优化和更新知识库，从而减轻用户不断更新知识的压力。

3. 故障诊断优先级

船舶电力系统的输电线路主要包括母线和常规线路，经过研究发现，由于这些线路长时间在高温和潮湿条件下运行，它们容易受到侵蚀，使线路故障的概率相当高。更为关键的是，输电线路的故障可能导致船上其他设备的二次事故，而设备故障却很少触发此类连锁反应。因此，在船舶电力系统的故障诊断流程中，操作人员应首先关注输电线路的潜在故障。当出现故障时，操作人员应优先检查是否为输电线路部分的问题，并在确认后对数据库进行更新。

本专家系统依赖继电保护装置的响应和监测仪表的读数来判断各个模块是否出现故障。继电保护是在船舶电力系统的某部件出现故障时，迅速隔离相关的故障区域，确保电网中的其他部分能够继续正常运行。这种设计旨在及时响应，确保系统的稳定性和安全性。各类元件均配备相应的监测仪表，时刻监测着电流、电压等实时信息，以供工作人员排查，故障类型及故障原因统计表如表 4-1 所示。

表 4-1　船舶电力系统各元件故障统计表

故障类型	故障性状表现	故障原因
过载启动故障	电流过大	意外导致
缺相与断相故障	电流过大	意外导致
原动机故障	频率异常	意外导致
电控设施故障	频率异常	电气设备运行故障
发电机故障	电压异常	电气设备运行故障
负载控制故障	电流过大	人为操作不当
分合闸故障	电压异常	人为操作不当
设备绝缘性故障	电压异常	恶劣环境破坏绝缘性
短路故障	电流过大	恶劣环境导致电路短路

4. 人工混合智能算法

为了保证监测反馈数据的准确性与有效性，减小船舶电力系统中因重合闸及断路保护误动作等情况对分析过程造成的影响，本部分引入了改进遗传禁忌混合算法对故障信息进行预处理。传统遗传算法是基于“适者生存”的一种自适应全局优化算法，拥有极强的全局搜索能力，但其局部搜索能力相对较弱，并容易陷入“早熟”。本部分在明确了传统遗传算法的缺陷后，将遗传算法与禁忌搜索算法结合构成改进遗传禁忌混合算法，将故障数据进行过滤、分类，以提高求解的效率与精度。基于改进遗传禁忌混合算法的船舶电力系统诊断流程图如图 4-4 所示。

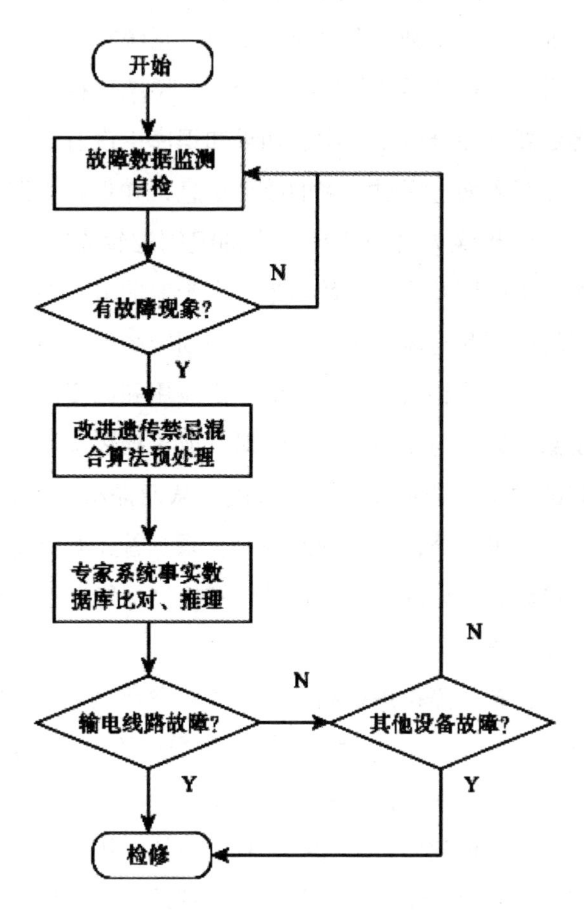

图 4-4　改进遗传禁忌混合算法的船舶电力系统诊断流程图

5. 诊断机理与推理机制

为确保船舶电力系统的稳定性，人们首先结合继电保护的动作数据和各种监测仪器的读数来确定故障的位置和范围，一旦确定故障区域，立即从电力系统中隔离以防止进一步的损坏。单一故障可能触发其他设备的连锁反应和故障。为了预防多重故障的情况，用户必须在输电线路被修复后进行再次的系统自检，确保所有潜在的问题都得到妥善解决并确保整个系统的安全运行。

（1）输电线路故障诊断机理。输电线路模块的故障诊断依赖正向推理策略，当输入的故障信息与综合数据库中的记录匹配时，推理即可完成，如果没有匹配信息，系统会在知识库中寻找适当的知识，利用冲突消解策略，选择合适的规则进行推理。当得到多个诊断结论时，系统首先检查结论是否互相矛盾。如果存在矛盾，各模块需进行协调；否则，系统依据置信度进行诊断。诊断后的新结论将更新到综合数据库中。如果知识库中没有合适的知识，系统会提示用户在人机交互界面上提供更多的故障信息，并重新查询知识库。

（2）模糊处理。模糊处理技术模仿人的模糊逻辑思考方式，通过模糊规则，在宏观层面解决问题并实现函数逼近。由于船舶电力系统的特殊性，特别是设备相关线路的电压和电流差异较大，使用固定阈值判断故障是困难的。再加上启发式知识在输电线路故障判定中的广泛应用和高度的不确定性，本专家系统选择引入模糊规则。与传统集合的绝对 0 或 1 描述隶属关系不同，模糊理论用 0 到 1 之间的数值来描述元素的隶属度，从而提出了隶属函数这一概念。当船舶电力系统的输电线路模块出现问题时，系统首先对测得的电压和电流进行数据预处理。接着，结合这些预处理结果和模糊规则，通过特定的推理方法来推断最终的故障位置。

（3）其他电力设备故障推理机制。输电线路诊断完毕后，若没有发现故障现象，则故障很可能发生在其他设备级，剩余需要诊断的模块只剩下发电机、变压器及用电负载等非常有限的设备。本系统采用将正、反推理结合的混合推理的方式对其他设备级的故障进行诊断。首先系统利用正向推理从已经得到的故障事实信息着手，经过信息筛选后得出预推理结论，为反向推理提供合理假设；接着系统再利用反向推理，以一般事实结论作为起点，获得故障信息，并再次进行正向推理，重复步骤直至得出诊断结果。这样不仅提高了故障诊断的精确度，还提升了推理效率，及时排除故障并维护船舶电力系统。图4-5为其他设备级混合推理流程图。

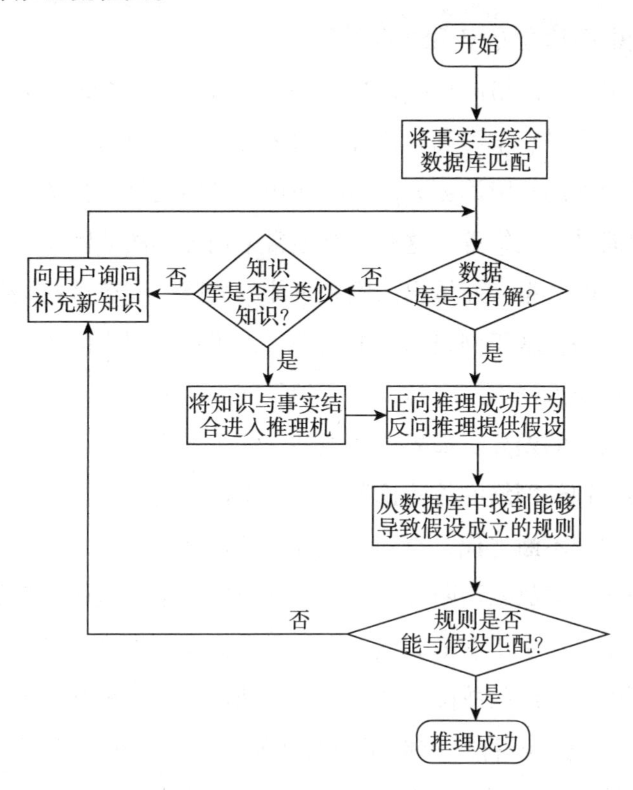

图4-5 其他设备级混合推理流程图

4.2.4 基于数据挖掘技术的智能电网诊断专家系统应用研究

1. 智能电网诊断专家系统及其发展

（1）智能电网简介。电网是电力系统的一部分，连接发电与用电设备，主要由连接各送电、变电、配电单位的线路组成，用于分送电能。智能电网则是在传统电网上结合现代计算机、通信和传输技术，进一步实现输电和送配电的自动化。这种技术创新使电网运营更为高效、可靠，并简化了电网的维护工作。

智能电网致力于增强电网的安全性和可靠性。为实现此目标，首先，智能电网需要借助传感器和计算机网络与发电、送电、配电设备连接，从而实现数字化的控制与管理。其次，智能电网强化数据整合、收集和分析，以优化电力网络的运作。最后，智能电网应用数据挖掘技术来处理运行中的故障并预测电力需求。

（2）智能电网诊断专家系统的研究情况。

①基于人工神经网络的故障诊断方法。相对于专家系统，人工神经网络的故障诊断方法在容错、学习和鲁棒性方面表现优异。目前电力系统的故障诊断中，人工神经网络的故障诊断方法主要使用的神经网络包括基于径向基函数的神经网络和前向神经网络等。这些网络通常采用经典的故障诊断模型，其中输入的是继电保护的数据，而输出的则是可能的故障。训练这些网络的主要策略有以下两点。一是，基于网络当前的状态，人工神经网络的故障诊断方法在执行前会向计算机输入样本。二是，人工神经网络的故障诊断方法会比较网络预期输出与实际输入的差异。如果满足条件，人工神经网络的诊断方法则终止训练。否则，人工神经网络的故障诊断方法会将误差反向传播，逐层调整阈值和权重。这一过程会不断迭代，直到满足预设的标准。

人工神经网络的故障诊断方法避免了专家系统中知识库构建的挑战，并且不依赖推理机制。但由于获取完整的训练样本集存在难度，该方法目前主要被应用于中小型电网系统的故障诊断。在实际使用中，这种基于神经网络的诊断方法存在一些问题：与符号数据库的交互能力有限、难以收集到完整的样本集、处理启发性知识方面存在不足，以及在解释输出结果和其自身行为上的能力较弱。

②基于专家系统的方法。专家系统解决问题的主要方法是通过使用具有专家推理方法的计算机模型。这种方法在很多领域都能够应用，尤其在电力系统的故障诊断中有着突出的表现。根据专家系统诊断时使用的知识表示和推理策略的不同，专家系统可以分为以下两种。

a. 基于启发式规则推理的系统。该系统把保护、断路器的动作逻辑，以及操作人员的诊断经验用规律表示出来，形成故障诊断专家系统的知识库，采用数据驱动的正向推理将所获得的征兆与知识库中的规则进行匹配，进而获得故障诊断的结论。当前多数诊断系统采用此方法。

b. 结合正向、反向推理的系统。该系统通过结合正向、反向推理方法，并以断路器、继电保护及受保护设备的互动关系为基础构建推理规则。这些规则允许人们利用方向推理技术，准确地缩小可能的故障范围。通过分析动作中的继电保护与假定故障可能性的比率，人们能计算出故障的可信度。

专家系统的诊断方法以其独特的优势在电力行业中得到广泛应用，它可以清晰地反映保护、断路器的动作逻辑和操作人员的经验知识，且具有很高的灵活性，允许对知识库中的规则进行实时的增加、修改或删除，确保系统的即时性和准确性。它能够生成易于操作人员理解的文本结论，因此特别适用于中小规模的电网系统和变电站的故障诊断中。尽管专家系统带来了这些优势，但其在实际应用中也暴露出一些弱点，例如，它的容错能力较差，当面对错误信息时，缺乏有效的鉴别手段。专家系统在构建和优化大规模知识库的过程中仍存在诸多挑战，如确保知识库的完整性和准确性。而在面对复杂的故障时，专家系统可能会出现推理速度缓慢，甚至面临组合爆炸的问题。这些问题意味着，在大型电力系统中，专家系统可能无法确保其操作的安全性。因此，目前专家系统主要用于离线的故障分析，而非实时的故障检测和处理。

③基于粗糙集理论的方法。粗糙集理论是一种专门处理不确定性和数据不完整性的数学方法。粗糙集理论在数据分类的过程中，简化和约简知识，从而明确地确定分类或决策规则。粗糙集理论无须任何先验信息，只需基于手头的数据集即可操作，且能够有效地处理不完整、不一致和不精确的数据，进一步挖掘其中隐藏的知识和规律。这种理论因其在应用上的卓越表现，被广大研究者应用于故障诊断领域。

研究者将二元逻辑运算与粗糙集理论融合，创建了一个属性约简算法，并对属性值进行了优化。在简约过程中，诊断决策表的条件属性为保护装置和断路器，而决策属性则是故障区域。研究者利用简化后的决策表，构建了综合知识模型。

这种诊断方法主要适用于中小型电力系统。这种诊断方法能够有效处理信息的冗余和不完整性。然而，该方法也存在一些不足，当遇到多重故障时，决策表可能会变得异常庞大，难以管理和处理。如果关键的警报信息出现错误或丢失，这将直接影响诊断的准确性。

④基于彼得里网络的方法。彼得里网络在电力系统故障分析中是一个高效

的工具。它特别适用于对涉及非连续事件的动态系统进行建模和分析。这些故障涉及保护动作和电压变化等因素。彼得里网络能够将实体和与故障排除相关的事件序列进行关联，从而呈现电力系统中实体设备的活动和信息流的动态交互过程。

在电力系统中，故障的动态过程可以通过彼得里网络进行描述，进而用彼得里网络构建专门的电力诊断模型。为了进一步完善模型，相关技术人员将后备保护模型纳入考虑，从而扩展了基于彼得里网络的故障诊断模型。为了解决诸如断路器或保护器在网络中因信息流或事件序列异常而拒动的问题，相关技术人员提议在原有模型中加入冗余，并引入了一个错误伴随式矩阵。这种方法增强了模型的鲁棒性和诊断能力。

彼得里网络方法在电力系统故障诊断，尤其是变电站中，具有出色的定量和定性分析能力，能有效处理循环、连续或并发发生的故障。然而，当应用于大型电网时，模型的状态会急剧增加，导致求解困难。它对错误警报的容错和识别能力有限，且在描述高时间精度的行为上不尽人意。因此，复杂的系统模型需要采用高级彼得里网络。

2. 智能电网技术特点分析

智能电网技术是一个综合利用先进的信息、通信、自动化控制等技术来优化电力生产、输送、分发和消费的现代电力网络系统。其目标是提高电力系统的效率、可靠性、经济性和可持续性。智能电网技术的主要特点包括以下几点。

（1）高度自动化。通过各种传感器和智能电子设备，智能电网技术可以实时捕捉和解析电网的运行状态和数据。这些设备遍布在电网的各个关键节点，包括变电站、输电线路、分布式能源系统和用户终端等。这种持续的实时监测确保了智能电网技术对电网运行的深入了解和精确把握，使电网管理者能够及时识别和预测潜在问题，从而实施有效的控制策略。这种自动化的监测和控制也大大提高了电网的运行效率和稳定性，确保供电的连续性和质量。

（2）双向通信。智能电网技术不仅具有高度的数据采集能力，能够从电力系统的各种设备中实时收集关键运行数据，还具备向这些设备发送控制命令的功能。这意味着，通过对实时数据的分析与解读，电网管理者不仅可以监控设备的运行状态，而且可以对其进行远程调控和优化，从而实现电网的自动化管理。这种双向的交互功能确保了电力系统的高效、安全和稳定运行，同时提供了对电网故障快速响应和解决的能力。

（3）集成可再生能源。随着可再生能源技术的发展，太阳能、风能等分布式能源正逐渐成为主流。智能电网技术不仅可以适应这些分布式能源的接入和并网，还可以高效地整合它们，确保供电的稳定性和可靠性。通过先进的监控系统，智能电网技术可以实时平衡供需，优化分布式能源的输出，并在必要时，利用储能技术储存多余的能量，为电网高峰时段或低生产时段提供支持。这种整合方式确保了对可再生能源的最大化利用，也减少了对传统化石能源的依赖。

（4）智能电表。智能电表是现代电网系统的关键组成部分，它不仅可以远程读取数据，还能实时监测家庭或企业的电力消费情况。通过提供详细的实时电力消费信息，它允许消费者更加明确地调整自己的电力使用习惯，从而达到节能减排的目标。供电公司通过分析这些数据，能够更加精确地预测电力需求，从而合理地分配和调度资源。智能电表还能实时发现异常情况，如电力泄露或超负荷使用，从而提高电网的安全性和效率。

（5）增强的安全和防护。为确保电力系统的稳定和安全运行，利用先进的网络安全技术是至关重要的。这包括加密技术、入侵检测系统和防火墙等，以防范和抵御外部攻击、恶意软件和其他潜在威胁。随着电力系统日益数字化和互联，确保电力系统网络安全已经成为一个前沿议题，这要求科学家持续研究更新的技术应对新的安全挑战。

3. 智能电网诊断的意义

（1）具有自愈能力的智能电网。智能电网拥有自修复功能，这意味着当电网中的设备出现故障时，智能电网可以自动识别并隔离这些设备，确保电网快速回到正常状态，从而减少对用户的影响。这种自愈能力是智能电网的核心特点。智能电网通过实时在线评估来检测潜在的故障，一旦发现问题，便迅速进行纠正。因此，这加强了电网的安全性和可靠性，提升了电能使用的品质和效益。

（2）智能电网与用户合作。智能电网不仅是提供电能的系统，还鼓励用户成为电力系统的参与者，与智能电网共同协作和管理。在这个模型中，用户不再是被动的电能接受者，而是成了电网的一个核心组成部分。正确地理解并满足用户的需求可以帮助平稳电力供需，从而确保电力系统的高质量运行。智能电网给用户提供了更加灵活的选择，使用户可以根据个人情况或业务需求来优化电力使用和购买策略，为他们带来了更高的便利性和选择权。这种以用户为中心的策略，不仅提高了系统效率，还增强了用户的参与度和满意度。

（3）智能电网具有抵御攻击的能力。智能电网的安全性至关重要，因此智能电网必须能够抵御物理攻击和网络攻击，并从各种故障中迅速恢复。智能电网具有高度的恢复能力，即使面对普通或深层次的攻击也能够有效应对。即使在遭受多点攻击时，智能电网依然能够保持稳定。它采用了包括预防、反应、检测和威慑在内的综合安全策略，有效地降低了攻击对电网的潜在影响。

（4）智能电网的电能质量能够满足未来的用户需求。电能质量有多个核心指标，包括谐波、频率、电压偏移、闪变、电压骤降等。随着电气设备日益数字化，电气设备对电能的质量要求也随之提高。电能质量问题不仅可能影响生产，还可能对社会经济造成损失。因此，为了适应未来的用户需求，智能电网能够提供高质量的电能，能够确保稳定和可靠的供电，从而满足数字化时代的严格标准。

（5）智能电网能够减轻从配电和输电系统带来的电能质量问题。智能电网具备对电网核心元件的实时监测功能，能够对存在问题的元件进行快速诊断，并提出相应的解决策略。在设计这种电网时，人们不仅要注意因线路故障、闪电、谐波源等因素引起的电能质量干扰，还要考虑应用当下最先进的技术手段来进一步提高电能的质量。例如，储能技术可以增加电网的稳定性；新型材料可以增强电网的耐用性；而超导技术则能够提高电能的传输效率。所有这些策略共同确保了智能电网能够提供稳定且高质量的电能。

（6）智能电网可以接入多种类型的储能和发电系统。智能电网能够使多种类型的储能系统和发电系统通过安全、无缝的方式接入系统，以简化联网的复杂度。目前已改进的互联标准能够更容易接入各种储能系统和发电系统，包括分布式电源，例如风力发电、光伏发电；也包括储能系统，例如燃料电池、即插式混合动力汽车。通过接入多种分布式电源，智能电网可以有效地降低对外来能源的依赖性，也可以提高电能质量和供电可靠性。

（7）智能电网将繁荣电力市场。通过集成先进的通信系统和设备，智能电网优化了电力的分配和利用。它能够实时平衡供求关系，对容量及其变化率、潮流阻塞和能源参数进行精确管理，这些都是电力市场繁荣发展的关键要素。智能电网可以准确地调控电力流向，降低潮流阻塞的发生。通过减少潮流阻塞，智能电网不仅能够提高电力传输的效率，也可以降低能源浪费和损耗，从而确保能源供应的稳定性和经济性。智能电网通过引入新的市场参与者和商业模式，如分布式发电和微网，可以为电力市场带来更多的创新和竞争。这些新兴的市场实体可以更灵活地响应电力供需变化，从而提高整个市场的适应性和韧性。

（8）智能电网使其资产应用更加优化，运行更加高效。智能电网通过优化电网资产的运营和管理，实现了低成本、多功能的目标。它能高效地管理资产的使用状态和时机，确保各项资产之间的协同，从而最大化功能并降低成本。利用先进的通信网络，智能电网在线监测设备状态，确保对潜在问题能够及时维护，使设备始终处于最佳运行状态。智能电网还可以自动调整控制装置，消除流量阻塞、减少损耗，通过选择低成本的能源传输方式，有效地提升了系统的运行效率。

4. 数据挖掘技术在电网系统中的应用

（1）简述。在电网系统中，各监测点上的设备不断地从电网现场采集数据，这些数据既包括实时的即时数据，也包括存储的历史数据，这些都是电网系统的主要数据来源。电网的数据量之大和种类之繁多，使其数据结构非常复杂。每个数据来源可能都由多种不同的数据类型组成，这反映出电网系统对数据的高度需求和对其管理的重视。当系统出现故障时，为了快速恢复正常运作，人们必须进行在线决策。近些年，由于电网系统中人为错误的增加和数据量的增长，数据挖掘技术逐渐受到重视。此技术以现代计算机技术和其他相关领域的技术为基础，主要研究多年积累的数据，从中挖掘隐含的有价值的信息，为决策过程提供关键支持。数据挖掘技术不仅具备高速的计算能力，还能分析现有和过去的数据，预测未来数据的趋势，帮助人们更准确、深入地了解和预防系统可能出现的问题。

（2）数据挖掘技术在电网故障诊断中的应用。现阶段，在电网应用中，数据的数量和复杂程度急剧增长，已有的电网系统对数据的利用度却不高，获取信息的方式也较为单一，此时，数据挖掘技术就是解决这些问题的方法。本部分介绍了几种数据挖掘技术中经常用到的分析方法。

①决策树法。决策树是一种数据分析工具，其通过一套数据规则来发掘训练集中的分类知识。决策树能够将数据规则可视化，从而节约构建时间，且其输出结果既精确又容易理解，因此在电网系统中得到了广泛应用。决策树可以将电网的运行状态明确划分为稳态和非稳态，并根据相应规则深入分析数据，直至确认电网的运行状态为稳态。决策树还能对电网系统的安全性进行评估。从数据中提取出的安全评估知识可以在电网运行正常时，对潜在的安全隐患进行预警，从而提前采取预防措施，确保电网的稳定运行。

②关联分析法。当数据库服务器与电网监测站实时传输数据时，数据库内积累了大量的历史数据。借助数据挖掘技术，人们可以从这些数据中提取有价值的潜在因子、事实和关系。尤其通过关联分析法，人们可以探寻导致不同事故发生的相互关系，从而为电网诊断系统提供准确的描述和参考信息。

③归纳法。归纳法是通过分析电网诊断系统中的数据，总结出归纳规则，并基于此构建电网专家诊断系统，使电网专家诊断系统能有效地检测电网故障。

5. 基于数据挖掘技术的智能电网诊断系统设计

（1）基于数据挖掘的智能电网诊断系统的总体设计与流程分析。现如今有些电力系统不提供对错误状态诊断的功能，这些系统的状态依赖专家去判断，在保护延迟和循环中断等复杂的操作问题的诊断上，用计算机逻辑来实现判断是非常困难的事，这主要是由于系统结合性少和多重标准导致的。然而现在的工作焦点是研究处理复杂问题的专家系统。所以，研究人员需要研究和开发在电力领域内应用的专家系统。

在电力领域，许多研究人员研究了基于规则、人工神经网络和混合智能模型的诊断专家系统。目前基于规则的专家系统最成熟，但成功应用这种系统并取得成效的实例仍然有限，这种系统在应用时的关键问题是规则的搜索速度和系统的更新、扩展。研究人员着重开发了基于数据挖掘的智能电网诊断专家系统，采用改进的决策树法增强了推理效率，并通过不确定因子排序进行系统优化，从而提升了电网诊断功能。

①系统总体设计文档。研究人员利用数据挖掘技术创建了一个基于规则的专家系统，虽然该系统在智能电网诊断中展现了出色的性能，但其应用并不仅限于此。实际上，这种系统也非常适合在其他多个领域中应用，如金融、医疗和市场分析等，这证明这种系统具有广泛的适用性和潜在价值。

该系统的核心由六大模块组成：知识库、事实数据库、推理机、解释器、决策树类，以及用户接口。这六个部分构成了系统的基础。但为了增强系统的功能和灵活性，还有三个补充模块：外部数据库、外部程序，以及研发人员接口。它们共同确保专家系统的完整性和高效性。图4-6为诊断专家系统总体设计图。

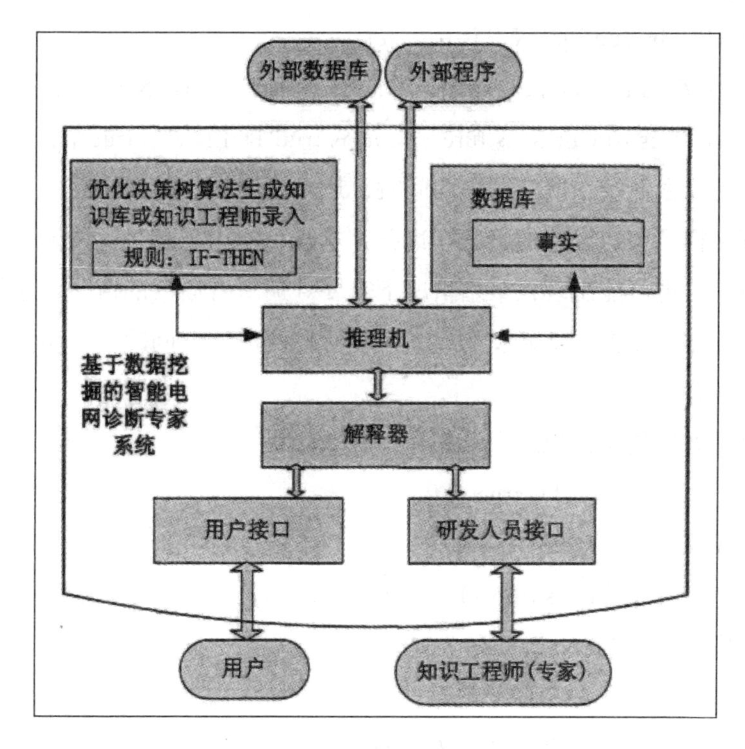

图4-6　诊断专家系统总体设计图

图 4-6 描述了专家系统的结构，与其相关联的功能如下所示。

推理机：推理规则。

解释器：将结论和规则转换为用户与推理机都能够理解的知识。

知识库：存储领域知识。

现象：P。

原因：R。

用例图：在没有揭示系统整体结构时，定义系统的行为和其他实体。

类图：一个具有相同结构、行为和关系的对象集合。

不确定性因子定义如下

$$cf = MB(H,E) - MD(H,E) / \{1 - \min[MB(H,E), MD(H,E)]\} \quad (4-1)$$

$$MB(H,E) = \{\max[P(H/E), P(H)] - P(H)\} / \{\min[1,0] - P(H)\} \quad (4-2)$$

$$MD(H,E) = \{\max[P(H/E), P(H)] - P(H)\} / \{\min[1,0] - P(H)\} \quad (4-3)$$

专家系统的处理过程如下。

知识表示：具体的规则表示应加以变化，变化形式如下。

Rule: IF R is true THEN P is true $\{cf\}$

Rule: IF R_1 is true and R_2 is true, ... , and R_n is ture THEN P is ture $\{cf\}$

Rule: IF R_1 is true or R_2 is ture, ... , R_n is true THEN P is true $\{cf\}$

传统的专家系统在回应用户询问时，通常会根据一系列原因，逐个向用户展示，直到得到用户满意的答案。这种方式既可能出现在最优情况下立即找到答案的情况，也可能出现在最糟情况下需要寻遍所有原因的情况。这种方式缺乏明确的标准或依据。新研发的专家系统旨在解决这一问题，从而使答案的选择更为精准和高效。

解决的方法是将知识库中形如：

IF R is true THEN P is true $\{cf\}$

转换成：$P \to R\{P(R/P)\}$

IF R_1 is true and R_2 is true THEN P is true $\{cf\}$

转换成：$P \to R_1$ and $R_2\{P(R_1R_2/P)\}$

IF R_1 is ture or R_2 is true THEN P is true $\{cf\}$

转换成：$P \to R_1\{P(R_1/P)\}$ or $R_2\{P(R_2/P)\}$

注意转换形式中的$P(R/P)=f(cf)$，根据$P(R/P)$的大小选择R，$P(R/P)$越大，越优先选择 R。

其中，cf是根据事实推出假设的可信程度，是领域专家在录入规则时根据经验估测出的一个参数值，其范围在 [−1，1] 之间。在求得$P(R/P)$时，cf可看作是已知量使用。

要求$P(R/H)$可根据以下公式

$$P(R/P)=f(cf) \tag{4-4}$$

在推导式（4−4）的过程中需要用到以下几个公式

$$P(H/E)=(P(EH))/(P(E)) \tag{4-5}$$

$$P(EH)=P(H/E)\times P(E) \tag{4-6}$$

②设计结构框图。系统操作流程需要完成的设计包括以下几点。

a. 知识工程师需要录入界面的设计；

b. 决策树算法将 a. 中录入的语言变量和语言变量值分别存储到知识库中的语言变量表和语言变量值表中；

c. 解释器将 a. 中录入的自然语言形式的语言变量和语言变量值转换成对应的符号形式（对应关系已经存储到 b. 中的语言变量表和语言变量值表中），并且将转换后的符号语言传出；

d. 操作人员将 c. 中传出的符号语言的 IF_ THEN 规则存储到知识库的规则表中，点击知识工程师界面的“保存”按钮完成此过程。

专家系统图如图 4−7 所示。

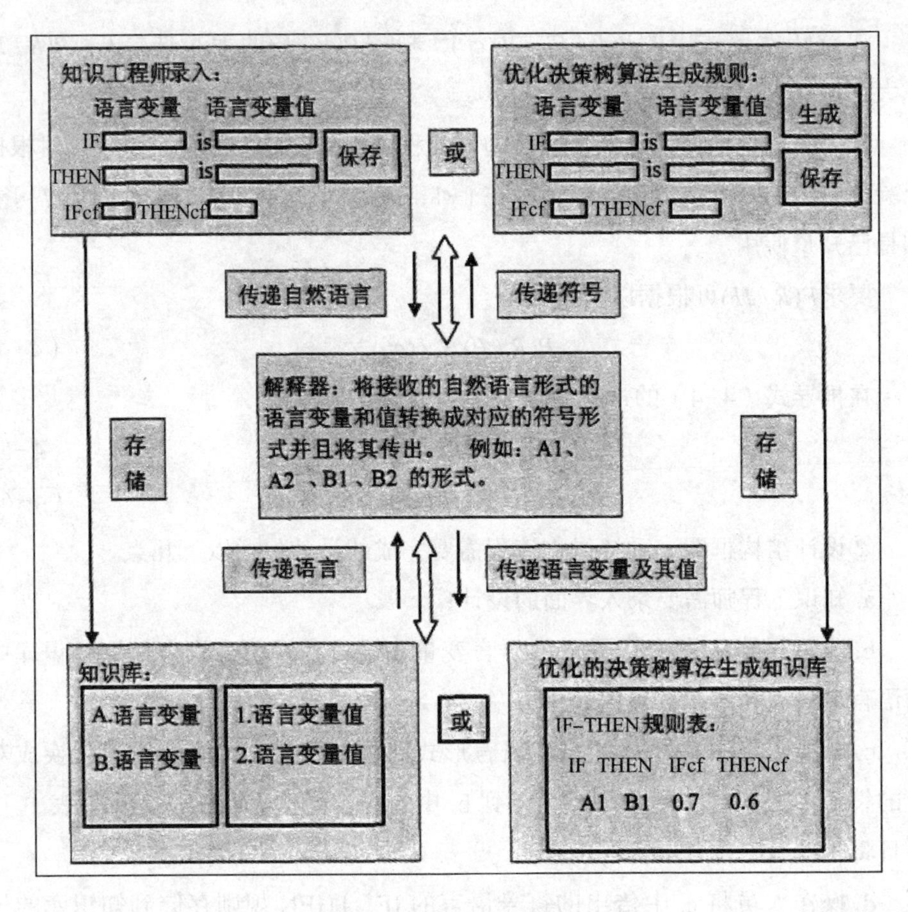

图 4-7 专家系统图

（2）基于数据挖掘技术的智能电网诊断系统的功能类。

①系统的功能类设计及类图。在智能电网诊断专家系统中，人们利用数据挖掘技术可以显著提高系统的推理效率。本部分设计人员需要按照软件工程的步骤进行系统构建，首先，设计人员需要绘制用例图，这需要明确系统的参与者、各个模块及它们之间的互动关系。接着，设计人员需要对各个功能模块及用户界面进行概要设计和详细设计，从而完成了系统的构建。

本系统的主要参与者为用户和知识工程师。用例图为人们呈现了用户与知识工程师如何与系统的各个模块互动，其中，用户主要负责提问、检查系统的推断输出、与专家系统互动、确认系统输出的结论，知识工程师在与系统交互时扮演了一个核心角色，他们不仅需要整理和录入新知识，还需要针对特定的数据集使用新的算法来形成规则并进行存储，此外还需要进行参数的设定工作。图 4-8 为专家系统用例图。

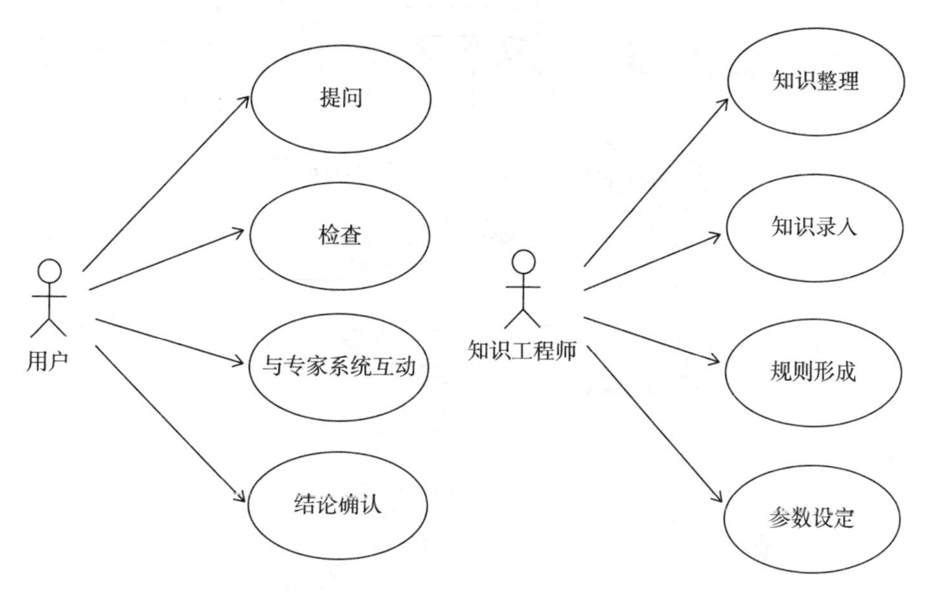

图 4-8　专家系统用例图

本系统类的设计主要包括推理类（例如，前向推理、后向推理、全面后向推理）、解释器类、决策树类、知识编辑类，以及系统设置和人机交互界面，如图 4-9 所示。

决策树
+dataSet +rulesCount +GenerateRules +nodesCount −middlenodesCount
+Carryout() +GenerateRules()

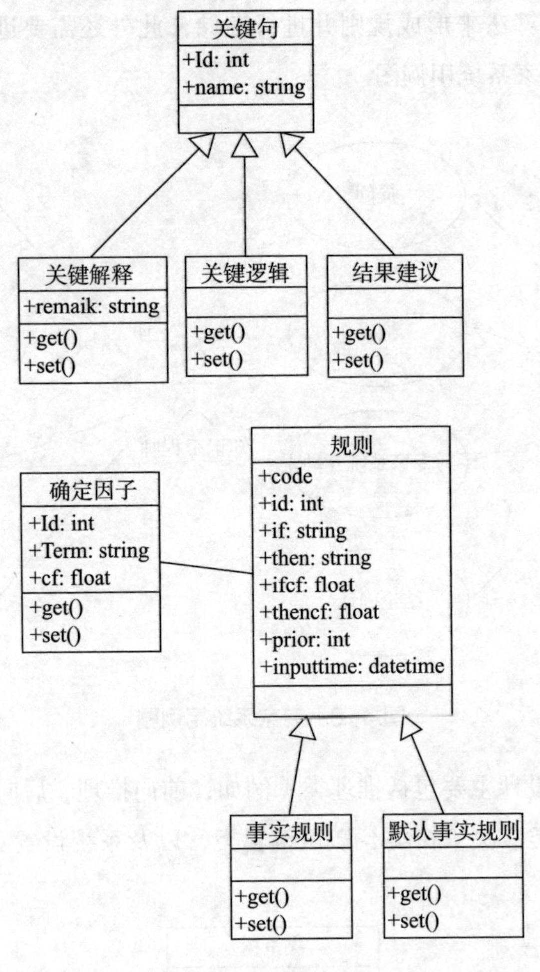

图 4-9　专家系统类图

②系统的数据库设计及数据库表。本系统的数据库主要包括知识数据库、事实数据库与系统设置库。

a. 知识数据库主要包括因子表、关键字表达表、关键字逻辑表达表、假设表达解释表、规则表、推理规则表达表。这些表都有他们各自的功能，因子表主要存储因子名称以及对应因子的值；关键字表达表主要用来存取关键字名称、关键词的标识，以及解释；关键字逻辑表达表主要用于存取关键字的逻辑标示，以及逻辑名称；假设表达解释表主要用来存取假设表达的标识与名称；规则表主要用来存取规则的各个组成部分；推理规则表达表主要用来存取推理规则的各项所需的参数。因子表和推理规则表达表分别如表4-2和表4-3所示。

表4-2　因子表

字段名	名　称	类　型	是否能为空	备　注
id	因子ID	int	否	主键
factor	因子	Varchar50	否	描述某个事实或假设的属性
defaultcf	默认因子	float	是	默认值为1
description	描述	Varchar255	是	因子的详细描述

表4-3　推理规则表达表

字段名	名　称	类　型	是否能为空	备　注
id	规则ID	int	否	主键
ifstr	事实	Varchar50	是	条件
thenstr	假设	Varchar100	是	结论
ifcf	事实因子	float	是	默认值为1
thencf	确定因子	float	是	默认值为1
prior	规则优先级	int	是	每次自增
inputtime	时间	datetime	是	输入时间

b. 事实数据库与系统设置数据库主要包括事实表、规则学习表、系统设置表、详细设置表、设置关联表。事实表用于存放假设和已确定的因子。在推论前，系统首先检查规则学习表的数据量，若数量少于n，所有数据将加载到内存中进行推论，无须事实表；若数量超过n，根据规则学习表的优先级，前n条数据将加在到内存中进行推论。

规则学习表用于保存新的规则，在得到规则产生的结果时，首先在规则学习表中查找，若无此规则，规则学习表则生成并保存这条规则。

系统设置表、详细设置表和设置关联表用于存储与系统及角色相关的各种参数，如推理规则、数量及冲突解决策略等信息。规则学习表和系统设置表分别如表 4-4 和表 4-5 所示。

表 4-4　规则学习表

字段名	名　称	类　型	是否能为空	备　注
id	规则 ID	int	否	主键
ifstr	事实	Varchar50	是	条件
thenstr	假设	Varchar100	是	结论
ifcf	事实因子	float	是	默认值为 1
thencf	确定因子	float	是	默认值为 1
prior	规则优先级	float	是	每次自增
inputtime	时间	datetime	是	输入时间

表 4-5　系统设置表

字段名	名　称	类　型	是否能为空	备　注
id	ID	int	否	主键
name	设置名称	Varchar50	是	名称
remark	备注	Varchar500	是	标记

4.3 遗传算法在电气自动化行业中的应用

4.3.1 遗传算法的基本概述

1. 遗传算法的基本原理

（1）遗传与进化的系统观。

①生物体的遗传特性都储存在染色体中，这些染色体承载着决定生物外观和功能特性的所有遗传信息。

②染色体由基因按照特定的顺序排列组成，它是遗传和生物进化的基础所在，所有的遗传变化都在染色体上进行。

③生物的繁衍过程是通过对其遗传信息（即基因）的复制和传递来达成的。

④同源染色体交叉或发生变异可能导致新物种的形成，这种现象为生物带来新的遗传特征。

⑤在自然选择中，更适应环境的基因或染色体比适应性差的更容易传递给下一代。

（2）遗传算法的特点。

①在确定编码方案、适应度函数和遗传算子后，遗传算法利用进化过程中的信息进行自我组织搜索，表现出自组织、自适应和自学习的特性。

②本质并行性，即内在并行性与内含并行性。内在并行性是指遗传算法的适应度评价是并行的，可以在多群体之间进行通信；内含并行性是指遗传算法虽然每代仅处理 N 个个体，但有效处理了 $O(N^3)$ 个模式。

③遗传算法可以进行无极求导，即只需目标函数和适应度函数就能够进行求导。

④遗传算法重视概率转换规则，而非固定的转换规则。

⑤遗传算法利用决策变量的编码进行计算，对于那些难用数值表示但可以

编码的优化问题，这种方法具有显著优势。

（3）遗传算法的基本术语。遗传算法是一种搜索策略，它通过模仿自然界中的选择过程和遗传原理来进行搜索。遗传算法的基本术语包括以下几种。

①染色体：是解的一种表达形式，通常是一个编码后的字符串（例如二进制字符串）。

②基因：染色体上的单个元素。例如，在二进制编码的染色体中，基因可以是 0 或 1。

③种群：一个染色体的集合。在遗传算法的每一代中，种群中的染色体都会经历选择、交叉和变异操作。

④适应度函数：用于评估染色体（解）的好坏或适应性的函数。它为每个染色体分配一个适应度值。

⑤选择：基于适应度选择染色体以参与交叉和变异的过程。

⑥交叉：是一个双亲生产后代的过程，其中后代继承了两个双亲的特征。

⑦变异：对染色体上的单个基因或多个基因进行小的随机修改的过程。

⑧代数：代表从当前种群产生一个新种群的周期。

⑨遗传操作符：用于生成新的解，如交叉、变异等。

⑩收敛：算法找到接近或相同的解。

⑪初始化：初始种群的生成过程。

⑫终止条件：确定算法何时停止的条件，例如达到最大代数、适应度达到某个阈值等。

（4）遗传算法的主要步骤。遗传算法流程表如表 4-6 所示。

表 4-6　遗传算法流程表

操　作	描　述	后续判断 / 操作
初始化	创建初始种群	进行评估操作
评估	评估每个个体的适应度值	进行终止检查操作
终止检查	判断算法是否应该停止	如果是，进入结束流程；如果否，进行选择操作

续 表

操　作	描　述	后续判断 / 操作
选择	根据适应度值选择个体用于繁殖	进行交叉操作
交叉	选定的个体进行交叉产生后代	进行变异操作
变异	后代个体进行变异以增加多样性	进行替换操作
替换	替换原始种群的染色体，形成新种群	返回评估操作
结束流程	输出结果，算法终止	无后续

遗传算法是一种模拟自然遗传机制的优化搜索算法。它的主要步骤如下。

①初始化：随机生成一个初始种群。种群由一定数量的染色体（即候选解决方案）组成。

②评估：使用适应度函数计算种群中每个染色体的适应度值。适应度函数的设计取决于具体的优化问题。

③选择：根据染色体的适应度值，选择染色体参与后续的交叉和变异。常用的选择方法有轮盘赌选择、锦标赛选择、秩序选择等。

④交叉：随机选择两个染色体作为双亲，然后进行交叉操作以产生新的后代染色体。交叉方式有很多种，例如单点交叉、多点交叉、均匀交叉等。

⑤变异：根据设定的变异概率，对染色体进行小的随机修改。这有助于保持种群的多样性并避免早熟收敛。

⑥替换：新生成的后代会替换原始种群中的一些染色体，形成新的种群。替换策略有很多种，如全替换、部分替换、精英策略等。

⑦终止检查：检查是否满足终止条件。这些条件可能包括达到最大代数、适应度达到某个阈值、连续多代适应度无明显改进等。如果满足，算法终止；否则，返回到评估步骤并继续下一代。

⑧输出结果：通常输出种群中的最佳染色体（即最优解）以及其适应度值。

（5）基本遗传算法的构成要素。

①染色体编码方法。基本遗传算法使用定长的二进制序列来表示每一个实体，每个基因位置可为 0 或 1 表示，初始种群的基因通常由平均分布的随机数决定。

②个体适应度评价。基本遗传算法依据个体适应度确定其遗传机会，适应度高者更可能遗传。所有适应度需非负，并需设定目标函数至适应度的转换，特别是遇到负值时。

③遗传算子。遗传算子包括比例选择的选择运算、单点交叉的交叉运算，以及位变异或均匀变异的变异运算。

④基本遗传算法的运行参数。基本遗传算法有以下四种运行参数需要提前设定。M：群体大小，一般为 20 ～ 100；T：遗传运算终止进化代数，一般为 100 ～ 500；P_c：交叉概率，一般为 0.4 ～ 0.99；P_m：变异概率，一般为 0.000 1 ～ 0.1。

4.3.2 遗传算法的基本实现技术

1. 编码方法

编码在应用遗传算法时至关重要，其不仅决定了染色体的布局，还决定了从搜索空间的基因型到解空间的表现型的解码途径。编码也会影响交叉和变异等遗传算子的操作方式。

可操作性较强的实用编码原则有以下两种。

一是有意义积木编码原则：应采用与问题密切相关、低成本且定义简短的编码方案。

二是最小字符集编码原则：应选用具有最小编码字符集，能自然描述问题的编码方案。

上述编码原则可能不适合所有问题。在实际应用中，人们应综合考虑编码、交叉、变异和解码方法，以找到描述问题最方便、最高效的编码方案。

（1）二进制编码方法。二进制编码符号串的长度与问题所要求的求解精度有关。假设某一个参数的取值范围为$[U_{min}, U_{max}]$，用长度为 l 的二进制编码符号串来表示该参数，则它总共能够产生 2^l 种不同的编码，若参数编码时对应

关系如下

$00000000...00000000 = 0 \rightarrow U_{min}$

$00000000...00000001 = 1 \rightarrow U_{min} + \delta$

$11111111...11111111 = 2^l - 1 \rightarrow U_{max}$

则二进制编码的编码精度为

$$\delta = \frac{U_{max} - U_{min}}{2^{l-1}} \tag{4-7}$$

假设某一个体的编码为

$$X = b_l b_{l-1} b_{l-2} \cdots b_2 b_1 \tag{4-8}$$

则其解码公式为

$$x = U_{min} + \left(\sum_{i=1}^{l} b_i \cdot 2^{i-1} \right) \cdot \frac{U_{max} - U_{min}}{2^{l-1}} \tag{4-9}$$

二进制编码方法有以下优点。

①具有简单性。二进制编码的简单性体现在其编码结构上，即仅使用两种字符“0”和“1”。这种简单性减少了编码和解码的复杂性，使遗传算法的实现变得更为直接。二进制编码的简单性不仅使算法易于编程实现，而且也使算法易于理解和分析。在处理问题的过程中，这种简单的编码方式减少了计算机处理信息的负担，因为它与计算机的原生处理方式高度契合。二进制编码的简单性也带来了计算上的效率，因为二进制操作可以直接映射到计算机硬件的逻辑操作上，这些操作在现代计算机中是极其高效的。

②具备通用性。二进制编码的通用性源于其能够将任何类型的数据转化为标准化的二进制格式。从数字、字符到复杂的数据结构，这些都可以被有效地编码为一串二进制序列。这意味着遗传算法可以应用于广泛的问题领域，从最简单的优化问题到复杂的机器学习任务都可以应用遗传算法。这种通用性还意味着设计人员一旦开发了一个遗传算法框架，这个算法就可以被用来解决多种不同的问题，在解决不同问题时，设计人员无须对算法本身进行大的修改，只需要调整编码方式即可。

③高精度表示。在二进制编码方法中，增加位数可以无限增加表示的精度。例如在表示实数的情况下，更多的位数可以表示更精细的值，就像增加浮

点数的位数能够表示更接近真实值的数一样。这种能力使二进制编码非常适合应用于需要高精度计算的遗传算法。在优化问题的过程中，二进制编码能够以高精度探索解空间是寻找最优解或近似最优解的关键。编码的精度直接影响遗传算法搜索解空间的能力，越高的精度意味着搜索可以更细致，从而有可能找到更优的解。

④广泛的算子支持。二进制编码因其简单性和通用性，已经发展出一套成熟的遗传算子，如单点交叉、多点交叉、均匀交叉、位反转变异等。这些算子是针对二进制编码特性设计的，它们能够有效地在遗传搜索中探索解空间。算子的广泛支持意味着在二进制编码的遗传算法中，研究人员可以从丰富的算子库中选择最合适的算子，以适应特定问题的需求。这样的算子不仅在理论上被广泛研究，而且在实践中被证明能够有效地提高算法的性能。这些成熟的算子使二进制编码的遗传算法具有很高的灵活性和可靠性。

⑤灵活的映射关系。二进制编码提供了灵活的映射机制，允许设计人员根据问题的特点定制编码到解空间的映射关系。设计人员可以根据问题的性质设计出不同的编码方案，如直接编码、间接编码、格雷编码等。这些不同的编码方案有助于改善遗传算法的搜索性能，特别是在解空间复杂或者解的表示不是直观的数字时。设计人员通过精心设计映射关系可以确保算法能够更有效地探索重要的解空间区域，从而提高搜索的效率和质量。

⑥易于组合和修改。二进制编码的结构简单，使它易与其他编码方法组合或进行修改。在某些问题中，人们可能需要将二进制编码与其他方法结合起来以解决特定问题，例如结合实值编码来处理连续空间的优化问题。二进制编码也容易进行修改和扩展，以适应特殊的问题约束或者改善算法的搜索能力。由于编码的修改很容易实现，设计人员可以通过试验不同的编码策略来优化遗传算法的表现。

（2）格雷码编码方法。由于二进制编码在连续函数优化中可能不够精确且局部搜索效率受限，因此设计人员就设计出了格雷码，格雷码能够确保连续两整数的编码只有一个位的差异。不同数字的二进制码与格雷码如表 4-7 所示。

表 4-7 二进制码与格雷码

十进制数	二进制码	格雷码
0	0000	0000
1	0001	0001
2	0010	0011
3	0011	0010
4	0100	0110
5	0101	0111
6	0110	0101
7	0111	0100
8	1000	1100
9	1001	1101
10	1010	1111
11	1011	1110
12	1100	1010
13	1101	1011
14	1110	1001
15	1111	1000

假设有一个二进制编码为

$$B = b_m b_{m-1} \cdots b_2 b_1 \tag{4-10}$$

其对应的格雷码为

$$G = g_m g_{m-1} \cdots g_2 g_1 \tag{4-11}$$

由二进制编码到格雷码的转换公式为

$$\begin{cases} b_m = g_m \\ b_i = b_{i+1} \oplus g_i,\ i = m-1,\ m-2,\ \cdots,\ 1 \end{cases} \tag{4-12}$$

式中，⊕表示异或运算符。

格雷码有这样一个特点：两个整数之间的差值等于它们相应格雷码的汉明距离。这一特点是遗传算法采用格雷码编码的主要原因。格雷码可以视为二进制编码的一种变种，其编码精度与等长的二进制编码持平。

格雷码编码方法的主要优点如下。

①格雷码编码方法有助于增强遗传算法的局部搜寻效率。

②格雷码编码方法使遗传操作如交叉和变异易于执行。

③格雷码编码方法满足最简编码要求。

④格雷码编码方法方便使用模式定理进行算法的理论研究。

（3）浮点数编码方法。浮点数编码方法的每个个体的基因由一定范围内的浮点数表示，编码长度与决策变量数相等。此方法由于直接使用决策变量的实际值，因此也叫作真值编码方式。

例如，如果某个优化问题有 5 个变量$x_i\left(i=1,\ 2,\ \cdots,\ 5\right)$，每个变量都有对应的上下限$\left[U_{i_{\min}},\ U_{i_{\max}}\right]$，基因型对应的表现型为$\boldsymbol{x}=\left[5.80,\ 6.90,\ 3.50,\ 3.80,\ 5.00\right]^{\mathrm{T}}$。

浮点数编码要求基因值在指定范围内。在遗传算法中，交叉和变异等操作不仅要在此范围进行，还要确保新的基因值也在此范围。当基因值由多字节表示时，交叉应在基因的边界字节进行，不可在中间，以保证编码的正确性和避免非法基因组合。浮点数编码方法的优点如下。

①浮点数编码方法适用于在遗传算法中表示范围较大的数。

②浮点数编码方法在需要高度精确性的遗传算法中很适用。

③浮点数编码方法有助于探索更大的遗传搜索空间。

④浮点数编码方法优化了遗传算法的运算性能，提升了计算效率。

⑤浮点数编码方法可以将遗传算法和传统优化技术结合使用。

⑥浮点数编码方法有利于为特定问题设计基于专业知识的遗传算子。

⑦浮点数编码方法有助于应对复杂决策变量的约束条件。

（4）符号编码方法。符号编码方法意味着在个体染色体的编码串里，基因值仅代表一套无数值意义的代码符号。这个符号集可以是一个字母表，如$\{$A, B, C, ...$\}$；也可以是一个数字序列号表，如$\{$1, 2, 3, ...$\}$；还可以是一个代码表，如$\{$A1, A2, A3, ...$\}$等。

符号编码方法的主要优点如下。

①符号编码方法是根据意义明确的积木编码规则进行操作和设计的。

②符号编码方法使遗传算法更容易利用与目标问题相关的专门知识。

③符号编码方法方便结合遗传算法与相关算法共同使用。

（5）多参数级联编码方法。多参数级联编码方法是一种特定的编码方式，其中各参数都通过某种特定的编码手段进行编码，再按照一定的次序连接起来，从而形成代表所有参数的综合个体编码。多参数级联编码方法允许每个参数使用不同的编码形式，如二进制、格雷码、浮点数或符号编码。每个参数还可以有各自独特的上下限、编码长度和编码精度。

（6）多参数交叉编码方法。为了确保关键的码位不容易被遗传算子损坏，人们应将这些主要的码位聚集在一起。在多参数交叉编码过程中，首先人们对所有参数进行分组编码，每个参数使用一个长度为 m 的二进制编码串。接着，人们从每个参数编码串中提取最高位，并将这些位连接起来，从而形成个体编码串的前 n 位。多参数交叉编码适用于参数间关系紧密且对最优解贡献接近的优化问题。

2. 适应度函数

在遗传算法中，适应度是一个指标，用于评估种群中每个个体达到或接近最优解的潜力。具有高适应度的个体更有可能被传递到下一代，而具有低适应度的个体被传递的概率则较小。为了量化这种适应性评价，人们使用一个特定的函数来为每个个体分配一个适应度值，这个函数就叫作适应度函数。这个函数确保了遗传算法倾向于优选并保留最优秀的个体。

（1）目标函数与适应度函数。评价个体适应度的过程如下。

①解码个体的编码串后，人们可以获得个体的表现型。

②通过个体的表现型，人们可以得到相应的目标函数值。

③依据优化问题的种类，人们可以根据目标函数值按特定规则计算出个体的适应度。

（2）适应度尺度变换。在遗传算法的早期阶段，如果少数个体的适应度极高，依靠常规的比例选择方法可能导致这些个体在群体中占据主导。这可能导致交叉算子无法产生有效的新个体，这样会降低了种群的多样性，从而导致解决方案固定在某个局部最优解。

在遗传算法的后期，种群中的平均适应度可能与最佳个体的适应度接近，导致个体间缺乏竞争力。这会使进化过程变成随机选择，无法针对关键区域进行集中搜索，进而影响算法的效率。

为了优化遗传算法，技术人员在初期面对某些适应度过高的个体时，要减少其与其他个体的适应度差异，确保它们在后续的传递中数量有所限制并保持种群多样性。而在算法后期，由于个体适应度过于接近，技术人员需要放大最佳个体与其他个体之间的差异，增加种群竞争，以更高效地寻找最佳解。这两种策略旨在提升遗传算法的搜索效率与结果质量。

适应尺度变换是对个体适应度进行放大或缩小的处理。现行常用的三种适应度尺度变换方法分别是：线性尺度变换、乘幂尺度变换和指数尺度变换。

①线性尺度变换。线性尺度变换的公式为

$$F' = aF + b \tag{4-13}$$

式中，系数 a，b 直接影响线性尺度变换的大小，对其选取有一定的要求。

尺度变换后全部个体的新适应度的平均值F'_{avg}要等于其原适应度平均值F_{avg}，即$F'_{max} = C \cdot F_{avg}$。这是为了保证群体中适应度接近平均适应度的个体能够有一定的数量被遗传到下一代群体中。

②乘幂尺度变换。乘幂尺度变换的公式为

$$F' = F^k \tag{4-14}$$

式中，k 与所求解的问题有关，并且在算法的执行过程中需要不断对其进行修正才能使其尺度变换满足一定的伸缩要求。

③指数尺度变换。指数尺度变换的公式为

$$F' = \mathrm{e}^{-\beta F} \tag{4-5}$$

式中，β决定了选择的强制性，β越小，原有适应度较高的个体的新适应就与其他个体的新适应度相差越大，即增加了选择该个体的强制性。

（3）选择算子。选择算子是建立在对个体适应度进行评价的基础上，其目的是防止基因丢失，增强全局收敛性与计算效率。选择算子主要有以下几种。

①比例选择。比例选择是按照个体的适应度来决定改个体进入下一代的概率的算子，该算子也叫作轮盘赌选择。比例选择的具体执行过程如下。

a. 比例选择需要求得整个群体中所有成员的适应度之和。

b. 比例选择需要确定每个个体的相对适应度，这代表着该个体被传递到下一代的概率。

c. 比例选择需要通过模拟赌盘方式（0 ～ 1 的随机数）来决定每个个体被选择的次数。

②最优保存策略。最优保存策略是指选择最优适应度的个体作为种子选手，将其直接保留到下一代。最优保存策略的具体操作过程如下。

a. 最优保存策略需要识别当前种群中适应度最高的个体和最低的个体。

b. 最优保存策略识别的当前种群的最优个体的适应度若超越了先前的记录，则其成为新的最优个体。

c. 最优保存策略用至今的最优个体替换当前种群中的最劣个体。

③确定式采样选择。确定式采样选择的具体操作过程如下。

a. 确定式采样选择需要计算群体中各个个体在下一代群体中的期望生存数目N_i

$$N_i = M\frac{F_i}{\sum_{i=1}^{M} F_i},\ (i=1,\ 2,\ \cdots,\ M) \tag{4-16}$$

式中，M 为群体规模数，F_i 为适应度值。

b. 确定式采样选择用N_i的整数部分确定各个对应个体在下一代群体中的生存数目。这一步可以确定下一代群体中的个体总数 M'（对其整数部分求和）。

c. 确定式采样选择按照N_i的小数部分对个体进行降序排序，然后取前 $M \sim M'$ 个个体加入下一代群体中。这时可以完全确定下一代群体中的 M 个个体。

此选择方式确保了高适应度的个体能稳定传递到下一代种群。

④无回放式随机选择。这种选择策略也叫作期望值选择方法，它依据个体在下一代种群的预期生存值来执行随机选择。无回放式随机选择的具体操作过程如下。

a. 无回放式随机选择需要计算群体每个个体在下一代群体中的生存期望数目N_i

$$N_i = M\frac{F_i}{\sum_{i=1}^{M} F_i},\ (i=1,\ 2,\ \cdots,\ M) \tag{4-17}$$

b. 如果一个个体被选中进行交叉，其下一代的生存期望值减少 0.5；若未被选中，该值减少 1.0。

c. 在选择过程中，如果个体的生存期望值低于 0，该个体将不再被选取。

⑤无回放余数随机选择。无回放余数随机选择的具体操作过程如下。

a. 无回放余数随机选择需要计算群体中每个个体在下一代群体中的生存期望数目N_i

$$N_i = M\frac{F_i}{\sum_{i=1}^{M} F_i},\ (i=1,\ 2,\ \cdots,\ M) \tag{4-18}$$

b. 无回放余数随机选择可以用N_i的整数部分确定各个对应个体在下一代群体中的生存数目。这一步可以确定下一代群体中的个体总数 M'（对 N_i 整数部分求和）。

c. 无回放余数随机选择需要计算每个个体的更新后的适应度，并使用比例选择方法来决定下一代尚未确定的个体。

⑥排序选择。排序选择主要关注的是个体适应度之间的相对大小，而不特别关心适应度是正值还是负值，也不特别强调适应度之间的数值差距。排序选择首先将种群中的所有个体基于个体适应度进行排序，然后，根据这一排序，为每个个体分配一个相应的被选择的概率。这意味着不同的个体会因其适应度的不同而获得不同的被选择概率，而这一概率是建立在它们之间的适应度排名基础上的。这种方法允许遗传算法在不过分关心适应度的具体数值的情况下，仍然能够有效地挑选出具有较高适应度的个体。排序选择的具体操作过程如下。

a. 排序选择需要按照适应度值对所有个体进行降序排列。

b. 排序选择会针对特定的求解问题，创建一个概率分配表，并根据 a. 的排序顺序为每个个体分配相应的概率值。

c. 排序选择会根据每个个体被分配的概率，确定它们进入下一代的可能性，并依此概率进行比例选择来生成新一代的群体。

⑦随机联赛选择。随机联赛选择是一种基于个体适应度之间大小关系的选择方法。随机联赛选择是每次从几个个体中挑选出适应度最高的一个个体传递到下一代。这里比较的个体数量被称为联赛规模。通常，这个联赛规模 N 的

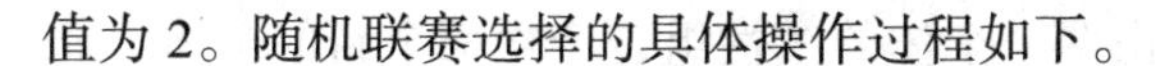

值为 2。随机联赛选择的具体操作过程如下。

a. 随机联赛选择会从群体中随机挑选 N 个个体，并选出其中适应度高的个体，让这个适应度高的个体进入下一代群体。

b. 重复上述步骤 M 次，这样可产生下一代的 M 个个体。

（4）交叉算子。在遗传算法中，交叉运算是两个配对染色体交换部分基因以产生两个新的个体。在交叉前，个体需要被配对，常见的配对策略是随机配对。交叉运算是在不大量破坏好的性状模式的同时，能生成较好的新个体。交叉算子的设计应与个体编码的设计相一致。

交叉算子的设计包括两个方面的内容：确定交叉点的位置、进行部分基因交换。

①单点交叉。单点交叉算子是最常用的交叉算子，它是指在个体编码串中只随机设置一个交叉点，然后在该点相互交换两个配对个体的部分染色体。若邻接基因座之间能提供较好的个体性状和较高的个体适应度，则这种单点交叉操作破坏个体性状和降低个体适应度的可能性较小。

②双点交叉与多点交叉。双点交叉是指在个体编码串中随机设置了两个交叉点，然后再进行部分基因交换。双点交叉的具体操作过程如下。

a. 在两个配对的个体编码中，双点交叉随机选择两个交叉位置。

b. 在两个确定的交叉点间，双点交叉交换两个个体的染色体段。

多点交叉是单点和双点交叉的扩展，但通常不建议使用多点交叉，因为随着交叉点的增加，交叉算子破坏良好编码模式的风险也增加。

③均匀交叉。均匀交叉是指两个匹配的个体的每个基因都以同等的概率交换，产生两个新个体。均匀交叉可以看作是多点交叉的一种，通过设置屏蔽字来决定各基因来自哪个父代。均匀交叉的具体操作过程如下。

a. 均匀交叉会随机产生一个与个体编码串长度等长的屏蔽字 W

$$W = w_1 w_2 \cdots w_i \cdots w_l \tag{4-19}$$

其中 l 为编码串长度。

b. 均匀交叉会从 A，B 两个父代个体中产生出两个新的子代 A'，B'，若 $w_i = 0$，则 A' 在第 i 个基因座上的基因值继承 A 对应的基因值，B' 在第 i 个基因座上的基因值继承 B 对应的基因值。

④算术交叉。算术交叉是指由两个个体的线性组合产生两个新的个体，通常这类交叉操作的对象是浮点数编码所表示的个体。假设在两个个体X_A^t，X_B^t之间进行算术交叉，则交叉运算后所产生的两个新个体为

$$\begin{cases} X_A^{t+1} = \alpha X_B^t + (1-\alpha) X_A^t \\ X_B^{t+1} = \alpha X_A^t + (1-\alpha) X_B^t \end{cases} \tag{4-20}$$

式中，α为一个参数，α可以是一个常数，此时所进行的交叉运算称为均匀算术交叉；α也可以是一个由进化代数所确定的变量，此时所进行的交叉运算称为非均匀算术交叉。

算术交叉的具体操作过程如下。

a. 算术交叉需要确定两个个体进行线性组合时的系数α。

b. 算术交叉会依据式（4-20）生成两个新的个体。

4.3.3 遗传算法在电力系统无功优化中的应用研究

1. 电力系统无功功率控制

（1）无功功率与电网电压和功率损耗的关系。在电力系统中，许多元件需要消耗无功功率，因此无功功率的生成和控制至关重要。电网电压主要受无功潮流控制，而无功潮流又与无功功率有关。

为了实现无功优化，人们需深入理解无功补偿设备的性能，并根据节点需求选择合适的设备和容量。准确地了解设备的特性和影响因素可以更好地建立准确模型和实施优化策略。

（2）无功功率与功率损耗的关系。电网线路的功率损耗是影响电力系统的建设和管理优化的核心指标，而且它与电力生产成本直接相关。合理地调整无功功率不仅能维持电压的稳定，还能显著降低电网的功率损耗。

功率损耗计算公式为

$$\Delta P = \frac{(P^2 + Q^2)R}{U^2} \tag{4-21}$$

式中，P为传输的有功功率，单位为 W；Q为传输的无功功率，单位为 Var；U为线路上的电压，单位为 V；R为线路的电阻，单位为 Ω。

从式 4-21 可知，电路中的有功损耗与电阻和电力功率（包括有功功率和

无功功率）有关。在设备的视在功率保持不变时，有功功率的损耗与设备的电阻直接相关，电阻增加意味着更高的有功功率损耗。另外，在电阻固定的情况下，有功功率保持一致时，电路中的无功功率越大，设备上的有功损耗就越大；相反，若无功功率减少，设备的有功损耗也会降低。

线路的有功损耗受电线电阻和无功功率影响。电阻由线路材料和设备决定，改变这些部分一般需要很高的成本。因此控制和减少无功功率是降低线路损耗的更经济的方法。这样不仅可以保持电力质量，还能确保系统的经济效益。

2. 电力系统常用的无功控制设备

（1）发电机。调节同步发电机的端电压可调整无功功率，这种方法无须新增电力设备，而且还能够有效地利用现有资源，并节约成本。

同步发电机配备了自动励磁调节设备。当其机端电压维持在额定电压的95% 至 105% 的范围内时，发电机将在其额定功率下工作。在某些情况下，当负荷与发电机距离较近，并直接由发电机供电，且输电线路的电压压降较低时，发电机的机端电压调节显得尤为关键。因为，如果负荷电压发生变化，人们可以直接通过调整发电机的机端电压来满足负荷的电压需求，从而确保电力系统的稳定运行。这种方法实现了电压的平衡，确保了电力供应的稳定性。

在电力系统中，无功平衡的调节是非常关键的。系统的无功主要由电源，比如发电厂提供。为维持适宜的电压水平，合理地调节发电厂的无功输出是必要的，特别是电压超标时，发电机会吸收部分无功以稳定电压，从而保障电网的稳定和安全运行。

图 4-10 是发电机运行极限图，图中反映了发电机输出的无功功率与输出的有功功率的关系。

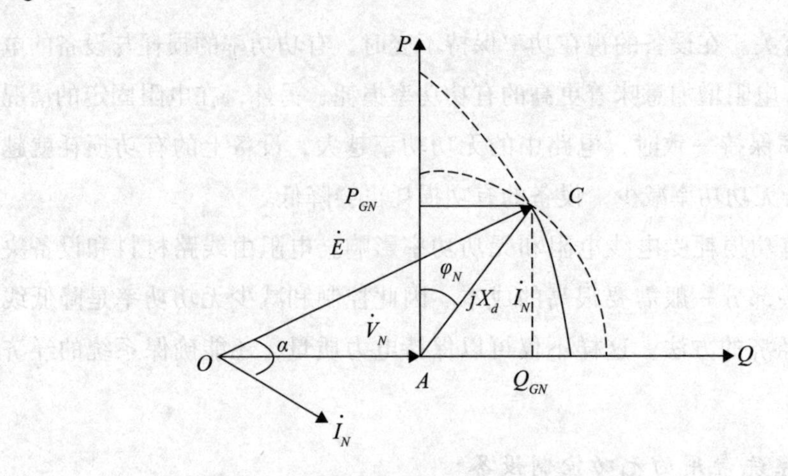

图 4-10　发电机的运行极限图

由图 4-10 可知，定子电流的额定值、转子电流的额定值和原动机的输出力都会影响发电机输出的有功功率和无功功率。

（2）无功补偿装置。电容器和电抗器可以作为无功补偿装置并联在电力网络中，还可以用于调整无功潮流分布。实际上，电容器需要根据网络需求灵活调整，以满足不同的需求。电容器的无功功率Q_C与所在的节点电压 U 的平方成正比，即

$$Q_C = \frac{U^2}{X_C} \tag{4-22}$$

式中，$X_C = \frac{1}{\omega C}$为电容器的容抗。

由式 4-22 可以看出，当节点电压 U 下降时，电容器产生的无功功率也会减少。这暴露了并联电容器在无功调节上的一个弱点：若输电线路电压降低或发生故障，电容器的无功输出进一步减小，这会导致电压更进一步下降，进而形成一个恶性循环。尽管静电电容器在线路损耗低、成本经济、运行简单等方面有其优势，但它也有其局限性。例如，静电电容器的开关是真空开关，电容器的使用寿命受到开关性能的制约。

图 4-11 为简单的并联电容器无功补偿系统，电容器的补偿容量根据以下方式确定。

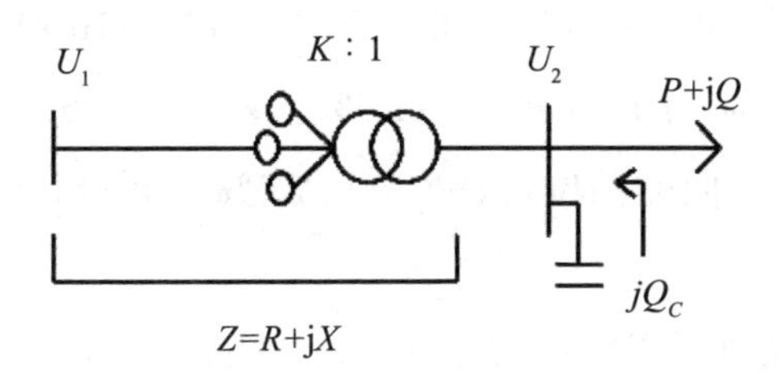

图 4-11 并联电容器无功补偿图

如图 4-11，假定补偿前后，U_1 不变。

补偿前

$$U_1=U_2'+\frac{PR+QX}{U_2'} \tag{4-23}$$

补偿后

$$U_1=U_{2C}'+\frac{PR+(Q-Q_C)X}{U_{2C}'} \tag{4-24}$$

由式 4-23、式 4-24 得

$$Q_C=\frac{U_{2C}'}{X}\left[\left(U_{2C}'-U_2'\right)+\left(\frac{PR+QX}{U_{2C}'}-\frac{PR+QX}{U_2'}\right)\right] \tag{4-25}$$

由式 4-25 得

$$Q_C\approx\frac{U_{2C}'}{X}\left(U_{2C}'-U_2'\right) \tag{4-26}$$

引入变压器变比 K 后，则

$$Q_C=\frac{U_{2C}K}{X}\left(U_{2C}K-U_2'\right)=\frac{U_{2C}}{X}\left(U_{2C}-\frac{U_2'}{K}\right)K^2 \tag{4-27}$$

在无功补偿领域，并联电抗器和并联电容器的功能是对立的。并联电抗器能在电路中吸收无功，而不是产生。通常，当线路需要吸收无功时，人们会使用并联电抗器。它们特别适用于负荷轻载的情况，这种方法可以帮助平衡因负荷轻载导致的电压上升的情况。这种补偿方式确保了电网的稳定性和效率。

（3）有载调压变压器。变压器在电网中扮演无功负荷的角色，其变压比的不同不仅决定了输出电压，还会影响其无功分布。在有负载的条件下，有载调压变压器可以通过调整变压器的挡位来调整电压，而且调节范围广泛，调节后的电压可超过原电压的 15%。根据我国规定，110 kV 级调压变压器有 7 个不用的挡位，分别为 V_N、$V_N \pm 1\times 2.5\%$、$V_N \pm 2\times 2.5\%$、$V_N \pm 3\times 2.5\%$；220 kV 级变压器有 9 个不同的挡位 V_N、$V_N \pm 1\times 2.5\%$ 、$V_N \pm 2\times 2.5\%$、$V_N \pm 3\times 2.5\%$ 、$V_N \pm 4\times 2.5\%$。

图 4-12 为有载调压变压器的原理图，该变压器内部装有调压绕组。该变压器具有一个特殊切换装置，该装置具有两个可动触头 K_1 和 K_2，这两个可动触头的作用是使变压器在带负载的情况下能够切换分接头的位置。

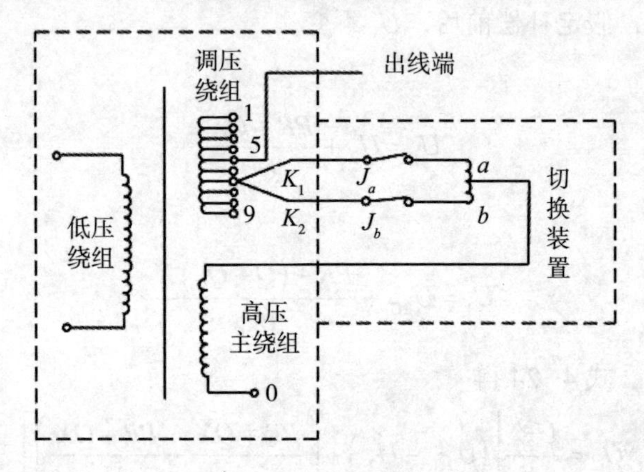

图 4-12　有载调压变压器原理图

为了延长绝缘油的使用寿命，在 K_1 和 K_2 的前面分别加装两个接触器 J_a、J_b，在改变可动触头时，人们应该先把 J_a 断开，再将可动触头从 K_1 移到指定的位置，然后再合上接触器 J_a，按照同样的步骤可以将可动触头 K_2 移动到相应的位置。为了防止在切换中 K_1 和 K_2 接到两个相同的分接头位置上引起过大的短路电流，人们可以在线路中安装电抗器。

有载调压变压器可以在运行中实时调节电压变比，以满足各用户的电压需求。由于有载调压变压器广泛的调整能力，因此它在电力系统中得到广泛使用。

3. 电力系统无功优化问题及其数学模型

电力系统的无功优化显著降低了功率损耗，增强了电力系统的稳定性。为进行优化，人们首先要建立一个由目标函数和约束条件组成的数学模型。电力系统无功优化数学模型由目标函数和约束条件组成，电力网络的标准数学模型为式 4-28 和式 4-29。

$$\min f = f(X, U) \tag{4-28}$$

$$\text{s.t.} \begin{cases} g(X, U) = 0 \\ h(X, U) \leqslant 0 \end{cases} \tag{4-29}$$

式中，X 和 U 分别表示由控制变量和状态变量组成的向量。

（1）目标函数。

$$P_L = \sum_{\substack{i \in N \\ j \in i}} G_{ij} \left(V_i^2 + V_j^2 - 2V_i V_j \cos\theta_{ij} \right) \tag{4-30}$$

为保证电力网络的稳定运行，状态变量必须在规定范围内。因此，人们需要通过罚函数来对目标函数进行调整。其表达式为

$$F = \min \left(P_L + L_V \sum_{\alpha} \left(\frac{\Delta V_i}{V_{\max} - V_{\min}} \right)^2 + L_Q \sum_{\beta} \left(\frac{\Delta Q_{Gi}}{Q_{Gi\max} - Q_{Gi\min}} \right)^2 \right) \tag{4-31}$$

式中，P_L 为系统有功功率损耗；$L_V \sum_{\alpha} \left(\frac{\Delta V_i}{V_{\max} - V_{\min}} \right)^2$ 为状态变量节点电压的越限罚函数；$L_Q \sum_{\beta} \left(\frac{\Delta Q_{Gi}}{Q_{Gi\max} - Q_{Gi\min}} \right)^2$ 为状态变量发电机输出的无功功率的越限罚函数。

L_V 和 L_Q 采用指数规律取值法，这种取值方法可以使罚函数随着状态变量越限程度的增加呈指数增加，可以加速将不符合正常运行限值的染色体淘汰，从而加快搜索最优解的速度。

$$L_V = \begin{cases} {a_V}^t, & L_V < L_{V\max} \\ L_{V\max}, & L_V \geqslant L_{V\max} \end{cases} \tag{4-32}$$

$$L_Q = \begin{cases} a_Q^t, & L_Q < L_{Q\max} \\ L_{Q\max}, & L_Q \geqslant L_{Q\max} \end{cases} \tag{4-33}$$

式中，a_V，a_Q分别为L_V，L_Q的初始值。

（2）功率约束方程。等式约束为节点功率平衡方程式

$$P_i = V_i \sum_{j \in H} V_j \left(G_{ij} \cos\theta_{ij} + B_{ij} \sin\theta_{ij} \right) \tag{4-34}$$

$$Q_i = V_i \sum_{j \in H} V_j \left(G_{ij} \sin\theta_{ij} + B_{ij} \cos\theta_{ij} \right) \tag{4-35}$$

式中，P_i、Q_i分别为节点 i 处注入的有功功率、无功功率；V_i、V_j分别为节点 i、j 的电压幅值；G_{ij}、B_{ij}、θ_{ij}分别为节点 i、j 之间的电导、电纳、电压相差角。

（3）变量约束方程。控制变量不等式约束方程式为

$$\begin{cases} V_{Gi\min} \leqslant V_{Gi} \leqslant V_{Gi\max} \\ T_{i\min} \leqslant T_i \leqslant T_{i\max} \\ Q_{Ci\min} \leqslant Q_{Ci} \leqslant Q_{Ci\max} \end{cases} \tag{4-36}$$

状态变量不等式约束为

$$\begin{cases} Q_{Gi\min} \leqslant Q_{Gi} \leqslant Q_{Gi\max} \\ V_{i\min} \leqslant V_i \leqslant V_{i\max} \end{cases} \tag{4-37}$$

式 4-36、式 4-37 中，T_i为可调变压器分接头位置；Q_{Ci}为容性无功补偿容量；V_{Gi}为发电机机端电压；V_i为节点电压；Q_{Gi}为发电机无功出力。

4. 基于改进遗传算法应用的无功优化——算例分析

（1）IEEE 30 节点系统算例分析。图 4-13 为 IEEE-30 节点系统接线图，该系统由 6 台发电机、4 台可调变压器和 2 个无功补偿点组成，系统的支路数据见表4-8，发电机无功出力限值见表4-9，并联补偿电容器组数据见表4-10，有载调压变压器参数见表 4-11，发电机机端电压限值见表 4-12，节点系统无功优化后网损及收敛代数见表 4-13，无功优化后控制变量结果见表 4-14。负荷节点电压限值为：$0.95 \leqslant V_d \leqslant 1.10$。表中的数据如无特殊说明均为标幺值，基准功率为 100 MW。

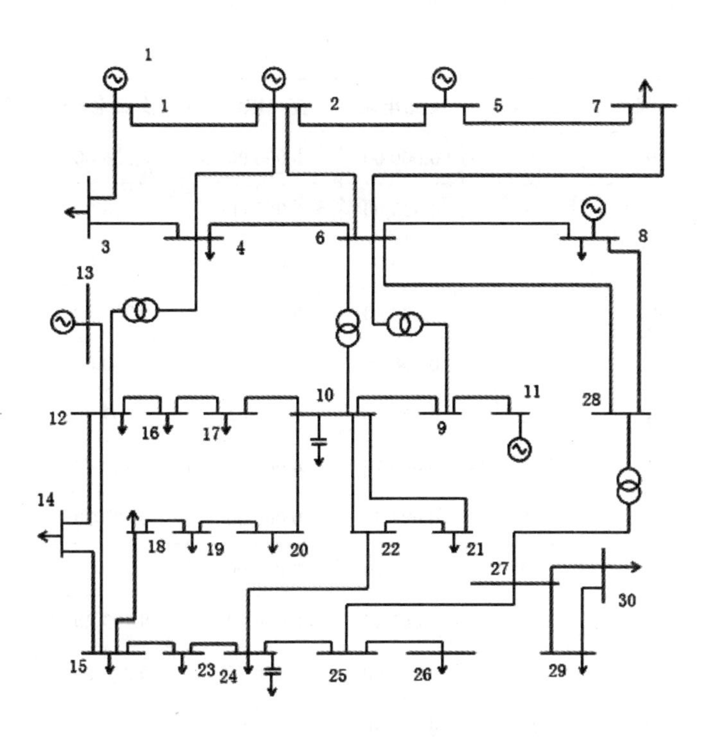

图 4-13　IEEE-30 节点系统接线图

表 4-8　IEEE-30 节点系统的支路数据

支路编号	首端编号	末端编号	支路电阻	支路电纳	支路电抗	变压器变比
1	2	1	0.019 20	0.052 80	0.057 50	1
2	3	1	0.045 20	0.040 80	0.185 20	1
3	4	2	0.057 00	0.036 80	0.173 70	1
4	4	3	0.013 20	0.008 40	0.037 90	1
5	5	2	0.047 20	0.041 80	0.198 30	1
6	6	2	0.058 10	0.037 40	0.176 30	1
7	6	4	0.011 90	0.009 00	0.041 10	1
8	7	5	0.046 00	0.017 00	0.116 00	1
9	7	6	0.026 00	0.009 00	0.082 00	1
10	8	6	0.012 00	0.000 00	0.042 00	1
11	6	9	0.000 00	0.000 00	0.208 00	1.015 5

续 表

支路编号	首端编号	末端编号	支路电阻	支路电纳	支路电抗	变压器变比
12	10	6	0.000 00	0.000 00	0.556 00	0.962 9
13	11	9	0.000 00	0.000 00	0.208 00	1
14	10	9	0.000 00	0.000 00	0.110 00	1
15	4	12	0.000 00	0.000 00	0.256 00	1.012 9
16	13	12	0.000 00	0.000 00	0.140 00	1
17	14	12	0.123 10	0.000 00	0.255 90	1
18	15	12	0.066 20	0.000 00	0.130 40	1
19	16	12	0.094 50	0.000 00	0.198 70	1
20	15	14	0.221 00	0.000 00	0.199 71	1
21	17	16	0.082 40	0.000 00	0.193 20	1
22	18	18	0.107 00	0.000 00	0.218 50	1
23	19	19	0.063 90	0.000 00	0.129 20	1
24	20	10	0.034 00	0.000 00	0.068 00	1
25	20	10	0.093 60	0.000 00	0.209 00	1
26	17	10	0.032 40	0.000 00	0.084 50	1
27	21	10	0.034 80	0.000 00	0.074 90	1
28	22	21	0.072 70	0.000 00	0.149 90	1
29	22	15	0.011 60	0.000 00	0.023 60	1
30	23	22	0.100 00	0.000 00	0.202 00	1
31	24	23	0.115 00	0.000 00	0.179 00	1
32	24	24	0.132 00	0.000 00	0.270 00	1
33	25	25	0.188 50	0.000 00	0.329 20	1
34	26	25	0.255 41	0.000 00	0.380 00	1
35	27	28	0.109 30	0.000 00	0.208 70	1
36	27	27	0.000 00	0.000 00	0.396 00	0.958 1
37	29	27	0.219 80	0.000 00	0.415 30	1

续 表

支路编号	首端编号	末端编号	支路电阻	支路电纳	支路电抗	变压器变比
38	30	27	0.320 20	0.000 00	0.602 70	1
39	30	29	0.239 90	0.000 00	0.453 30	1
40	28	8	0.063 60	0.000 00	0.200 00	1
41	28	6	0.016 90	0.000 00	0.059 90	1

表 4-9　发电机无功出力限值

节　点	1	2	5	8	11	13
上　限	1.55	0.60	0.65	0.50	0.45	0.40
下　限	-0.20	-0.20	-0.15	-0.15	-0.10	-0.15

表 4-10　并联补偿电容器组数据

节点编号	补偿下限	补偿上限	分组补偿
10	0.00	0.55	0.01
24	0.00	0.55	0.01

表 4-11　有载调压变压器参数

变压器支路	阻　抗	变比下限	变比上限	分接头步长
6-9	0.0+j2.208	0.9	1.1	0.02
6-10	0.0+j0.556	0.9	1.1	0.02
4-12	0.0+j0.256	0.9	1.1	0.02
28-27	0.0+j0.396	0.9	1.1	0.02

表 4-12　发电机机端电压限值

节点编号	电压下限	电压上限	电压初值
1	0.95	1.05	1.05
2	0.95	1.05	1.00
5	0.95	1.05	1.00

续 表

节点编号	电压下限	电压上限	电压初值
8	0.95	1.05	1.00
11	0.95	1.05	1.00
13	0.95	1.05	1.00

（2）算例分析。人们对 IEEE-30 节点系统采用简单遗传算法（simple genetic algorithm，SGA）与改进遗传算法（improved genetic algorithm，IGA）进行无功优化。

SGA 的参数设置：种群规模为 50，进化代数为 100，交叉概率P_c=0.6，变异概率为 0.01，允许最大迭代次数为 200。

IGA 的参数设置：种群规模为 50，进化代数为 100，a_V=1.032，$\lambda_{V\max}$=20，a_Q=1.025，$\lambda_{Q\max}$=10，A=0.95，T_0=10，允许最大迭代次数为 200。图 4-14 为 IEEE-30 节点系统 SGA 和 IGA 的无功优化的效果比较。

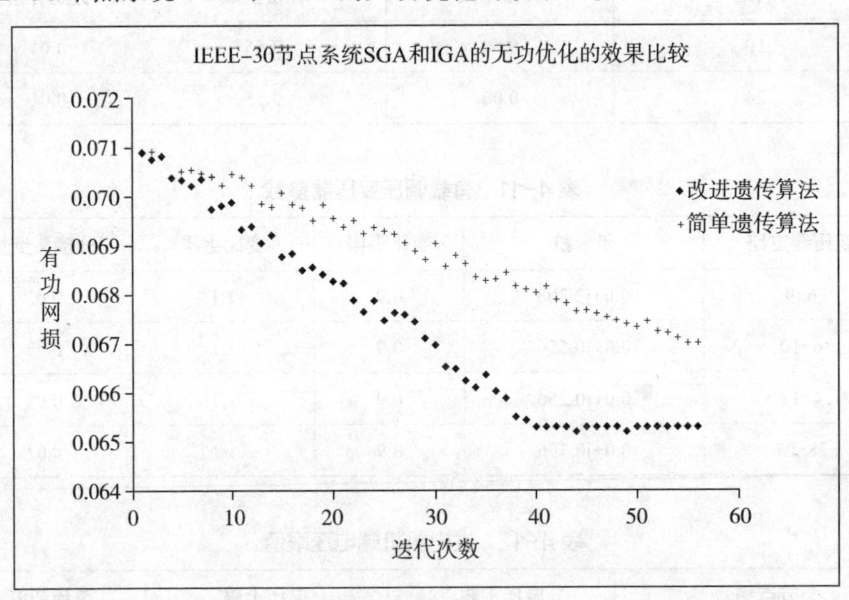

图 4-14　IEEE-30 节点系统 SGA 和 IGA 的无功优化的效果比较

表 4-13　节点系统无功优化后网损及收敛代数

	潮流计算	简单遗传算法	改进遗传算法
有功损耗（标幺值）	0.070 9	0.067 0	0.065 3
有功损耗降低率 /%	—	5.50	7.90
收敛代数	—	56	41

表 4-14　无功优化后控制变量结果

控制变量	初始值	下　限	上　限	简单遗传算法	改进遗传算法
VG1	1.050 0	0.95	1.10	1.089 1	1.078 0
VG2	1.033 8	0.95	1.10	1.070 0	1.070 0
VG5	1.005 8	0.95	1.10	1.023 0	1.035 0
VG8	1.023 0	0.95	1.10	1.396 0	1.039 0
VG11	1.091 3	0.95	1.10	1.030 3	1.090 0
VG13	1.088 3	0.95	1.10	1.029 0	1.056 0
Qc10	0.190 0	0.00	0.55	0.300 0	0.400 0
Qc24	0.040 0	0.00	0.50	0.150 0	0.100 0
Tt6-9	1.015 5	0.90	1.10	1.091 0	0.975 0
Tt6-10	0.962 9	0.90	1.10	1.050 0	1.010 0
Tt4-12	1.012 9	0.90	1.10	1.025 0	1.030 0
Tt28-27	0.958 1	0.90	1.10	1.028 0	1.025 0

由图 4-14 和表 4-13 可知，通过使用简单遗传算法和改进遗传算法，系统的有功网损分别降低了 5.50% 和 7.90%。这反映出改进遗传算法在无功优化上更高效，进一步减少了损耗。此外，改进遗传算法寻找最佳解的迭代次数更少，节约了计算时间。这表明改进遗传算法在降低网损和收敛速度上具有明显的优越性。

通过比较简单遗传算法和改进遗传算法的无功优化效果，人们发现改进遗传算法的网损比简单遗传算法少了 2.40%。这证明了对遗传算法的改进达到了预期的效果。

改进遗传算法相比简单遗传算法需要更少的迭代次数来找到最优解，这表明其收敛速度更快。

4.4 模糊控制在电气自动化中的应用

4.4.1 模糊控制简述

1. 模糊控制的系统构成和基本原理

下面结合一个简单的模糊控制例子来介绍模糊控制的基本原理和系统构成。

室温一维模糊控制系统结构图如图 4-15 所示，系统由模糊控制器、变频器电机、压缩机空调器和传感器构成。其中，模糊控制器也称为模糊逻辑控制器，由于其所采用的模糊控制规则是由模糊理论中模糊条件语句来描述的，因此模糊控制器是一种语言型控制器，具体包括模糊化、知识库、模糊推理和清晰化。

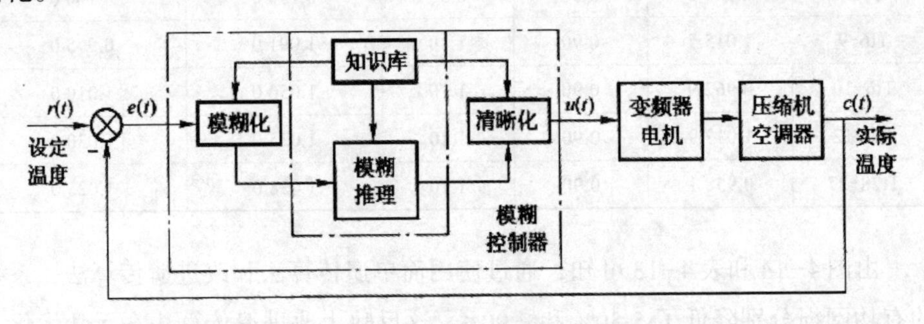

图 4-15　室温一维模糊控制系统结构图

系统的真实输入需要根据知识库进行离散化，转化为模糊控制器的模糊输入。知识库包含两大部分，一部分是数据库，提供语言变量的隶属度函数、量化因子和语言值定义，以及模糊推理所需数据等；另外一部分是采用模糊语言变量来表示模糊控制规则的元件，它是在专家知识或者操作人员长期积累的经验上来定义的，主要用来标记控制目标和专家的控制策略。模糊推理是模糊控制器的中心，它依据模糊输入和模糊规则来产生模糊输出，模拟人类的决策过程。这模糊输出需清晰化后，才能被实际系统或设备所采用，转化为明确的控制指令。

控制系统通过比较室温实际值和设定值得到温度偏差，经过模糊化算法产生模糊输入，如正大、正小等。系统根据知识库的模糊规则推出模糊控制量，例如提升或降低压缩机功率的程度。该模糊控制量经过清晰化后，转为精确的频率设置传给变频器，进一步调节压缩机的输出功率，实现室温的快速稳定。

模糊控制系统调节室温不需精确模型，只需了解基本规律，即转速与室温成正比。模糊控制规则的科学性影响系统性能，这和经验丰富的人工作效率高是一样的道理。图 4-15 的控制系统采用的是一维模糊控制算法，控制器输入量只有给定温度与实际温度的偏差这一个信号，并据此进行模糊运算和控制。为提高控制效果，除检测偏差外，人们也会监测温度的变化率，将温度的偏差和温度的变化率同时输入，实现二维模糊控制，也可发展为三维或更高维的模糊控制系统。

控制系统将检测到室温的实际值与设定值进行比较，得到温度偏差信号，并根据一定的模糊化算法，量化温度偏差信号，得到模糊输入量，如正较大、正较小、合适、负较小、负较大等。继而，控制系统根据自身的知识库中的模糊控制规则，推理得到输出模糊控制量，即大幅度提升压缩机功率、小幅度提升压缩机功率、压缩机功率保持不变、小幅度减小压缩机功率、大幅度减小压缩机功率等。最后，控制系统对输出模糊控制量进行清晰化处理，将其转化成一个精确的频率设定值送入变频器，变频器通过控制电机的输出转速进而控制压缩机的输出功率，达到快速稳定室温的目的。

2. 模糊数学基础和精确量的模糊化

模糊控制是模糊集合论的关键应用之一。下面首先介绍模糊控制需要用到的模糊数学基础。

（1）模糊集合。

①集合。具有某特性的可区分的事物总体是集合，通常用大写字母标识。集合内的事物称为元素，常用小写字母标识。如，实数集合 **R** 由所有实数构成，是一个明确的集合，其名称反映其特点，元素是确定的实数。

②论域。被讨论对象的所有集合称为论域，通常用大写字母表示。

③序偶。许多事物成对出现并有固定顺序，这样的两个对象通常被称为一个序偶。

④模糊集合。模糊集合是数学中的一个概念，它的特点是允许其元素具有部分属于该集合的程度，与传统的经典集合或清晰集合不同，后者的元素要么完全属于该集合，要么完全不属于该集合。

模糊集合的元素对于集合的隶属度不再是二元的（0 或 1），而是在 0 和 1 之间的连续值，表示该元素属于该集合的程度。例如，在描述一个人的身高是否属于“高”这个模糊集合时，一个较高的人可能有 0.8 的隶属度，而一个中等身高的人可能只有 0.5 的隶属度。

⑤常用的模糊集合表示方法。模糊集合的表示方法可以展示元素与其在集合中的隶属度。以下是几种常用的模糊集合表示方法。

a. 隶属度函数表示。元素 x 在模糊集合 A 中的隶属度为 $\mu_A(x)$。$\mu_A(x)$ 是一个在 0 和 1 之间的实数，描述了 x 属于 A 的程度。

b. 列表表示。人们可以列出模糊集合 A 所有元素及元素在模糊集合 A 中隶属度。例如

$$A=\left\{\left(x_1,\ \mu_A(x_1)\right),\left(x_2,\ \mu_A(x_2)\right),\ \ldots,\left(x_n,\ \mu_A(x_n)\right)\right\} \tag{4-38}$$

式中，每一个 $\left(x_i,\ \mu_A(x_i)\right)$ 表示元素 x_i 在集合 A 中的隶属度。

c. 图形表示。元素在模糊集合中的隶属度在某一区间内变化的情况可以使用区间来表示。例如，$A=[0.3, 0.7]$ 表示该模糊集合中的元素隶属度介于 0.3 和 0.7 之间。

（2）模糊集合的运算。

①模糊集合的逻辑运算。

a. 模糊集合的相等。若有两个模糊集合 A 和 B，对于所有的 $x \in X$，均有 $\mu_A(x) \leqslant \mu_B(x)$，则模糊集合 A 与模糊集合 B 相等，记作 $A=B$。

b. 模糊集合的包含。若有两个模糊集合 A 和 B，对于所有的 $x \in X$，均有 $\mu_A(x) \leqslant \mu_B(x)$，则 A 包含于 B 或 A 是 B 的子集，记作 $A \subseteq B$。

c. 模糊空集与模糊全集。若对所有 $x \in X$，均有 $\mu_A(x)=0$，则 A 为模糊空集，记作 $A=\varnothing$；若对所有 $x \in X$，均有 $\mu_A(x)=1$，则 A 为模糊全集，记作 $A=U$，模糊全集与模糊空集互为补集。

d. 模糊集合的并集。若有三个模糊集合 A、B 和 C，对于所有的$x \in X$，x 在集合 C 上的隶属度函数满足

$$\mu_C(x) = \mu_A(x) \vee \mu_B(x) = \max\left[\mu_A(x),\ \mu_B(x)\right] \tag{4-39}$$

则 C 为 A 与 B 的并集，记为 $C=A \cup B$，上式中的$\vee$和 max 均是指取两者中的最大值。

e. 模糊集合的交集。若有三个模糊集合 A、B 和 C，对于所有的$x \in X$，x 在集合 C 上的隶属度函数满足

$$\mu_C(x) = \mu_A(x) \wedge \mu_B(x) = \min\left[\mu_A(x),\ \mu_B(x)\right] \tag{4-40}$$

则 C 为 A 与 B 的并集，记为 $C=A \cap B$，上式中的$\wedge$和 min 均是指取两者中的最小值。

f. 模糊集合的补集。若有两个模糊集合 A 和 B，对于所有的 $x \in X$，均有

$$\mu_B(x) = 1 - \mu_A(x) \tag{4-41}$$

则 B 为 A 的补集，记为$B = \overline{A}$。

用图示法简单表示模糊集合的并集、交集和补集，如图 4-16 所示。

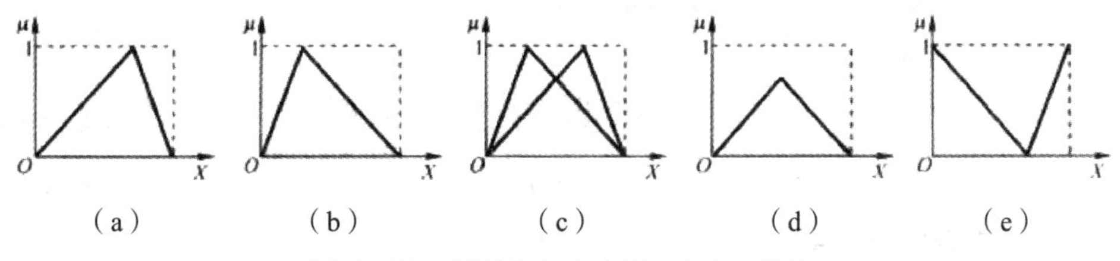

图 4-16　模糊集合的并集、交集、补集

图 4-16 中，图（a）表示集合A；图（b）表示集合B；图（c）表示$A \cup B$；图（d）表示$A \cap B$；图（e）表示$\overline{A}$。

②模糊集合运算的基本定律。

a. 幂等律。

$$A \cup A = A \tag{4-42}$$

$$A \cap A = A \tag{4-43}$$

b. 结合律。

$$(A \cap B) \cap C = A \cap (B \cap C) \tag{4-44}$$

$$(A \cup B) \cup C = A \cup (B \cup C) \tag{4-45}$$

c. 交换律。

$$A \cup B = B \cup A \tag{4-46}$$

$$A \cap B = B \cap A \tag{4-47}$$

d. 分配律。

$$A \cap (B \cup C) = (A \cap B) \cup (A \cap C) \tag{4-48}$$

$$A \cup (B \cap C) = (A \cup B) \cap (A \cup C) \tag{4-49}$$

e. 吸收率。

$$(A \cap B) \cup A = A \tag{4-50}$$

$$(A \cup B) \cap A = A \tag{4-51}$$

f. 同一律。

$$A \cup X = X \tag{4-52}$$

$$A \cap X = A \tag{4-53}$$

$$A \cup \varnothing = A \tag{4-54}$$

$$A \cap \varnothing = \varnothing \tag{4-55}$$

其中，X 表示论域全集，$\varnothing$表示空集。

g. 德 · 摩根律。

$$\overline{A \cup B} = \bar{A} \cap \bar{B} \tag{4-56}$$

$$\overline{A \cap B} = \bar{A} \cup \bar{B} \tag{4-57}$$

h. 双重否定律。

$$\bar{\bar{A}} = A \tag{4-58}$$

以上运算性质与普通集合的运算性质完全相同，由于模糊集合 A 和$\bar{A}$没有明确的边界，因而模糊集合没有非此即彼的特性，所以在普通集合中成立的互补律对于模糊集合不再成立，即

$$A \cup \bar{A} \neq X \tag{4-59}$$

$$A \cap \bar{A} \neq \varnothing \tag{4-60}$$

③精确量的模糊化。在模糊控制系统中，模糊推理主要依赖模糊的语言变量进行。但当人们从系统得到一个精确的输入变量时，这些精确量必须首先被转化或“模糊化”以适应模糊推理的需要。具体来说，模糊化的过程是指将这些实际测得的精确值映射为对应论域内的各种语言值的模糊集合，从而使其能

够与模糊语言变量进行有效的交互和推理。

模糊语言描述了带有模糊性质的事物，例如描述为“冷”或“热”。这些描述词是语言变量的值，但并非传统的数值，而是表示为模糊集合的模糊词汇。模糊化需要确定这些语言变量及其相应论域、定义论域中的元素，并确定模糊集合及其对应的隶属度函数。

4.4.2　基于模糊控制算法的超声波自动泊车系统的研究与设计

许多驾驶员由于泊车经验不足，在复杂的道路和拥挤的停车场中存在停车隐患。因此，各大车企都在积极研发自动泊车系统，而且自动泊车系统在某些高档车型上已有实际应用。当前的自动泊车系统因其成本较高，所以没有进行大规模普及。

为解决自动化停车难题，人们推出了一套超声波自动泊车系统，它主要是基于模糊控制技术。该系统利用超声波传感器检测车位，通过双轴陀螺仪获取前轮转角信息，并结合视频技术对车位进行映射。依赖这些数据和模型控制，人们成功实现了车辆的自动泊车功能，经仿真模拟及实际测试，自动泊车系统成功实现了垂直和平行泊车，在 0 ～ 30° 的前轮转角中，自动泊车系统都展现出了高效准确的自动泊车性能。

1. 自动泊车系统建模设计

（1）超声波温度补偿测距设计。超声波遇到障碍物时会被反弹，通过计时器记录其发射与接收的时间，从而计算出设备与障碍物的距离。设超声波的速度为v，往返时间为t，障碍物距离为s，得到距离计算公式为

$$s = vt/2 \tag{4-61}$$

为了提高超声波测距的精确性并抵消温度的干扰，人们研发了一种专门的温度补偿校正技术。设温度值为τ，得到基于温度补偿的超声波传播速度为

$$v = 331.45 \times 1 + \tau \times \left(273.15\right) \times 0.5\ \text{m/s} \tag{4-62}$$

为确保车辆的准确定位和姿态角度采集效果，自动泊车系统使用 8 个超声波设备形成了四周信号测量装置，增强了系统的稳定性和可靠性。

（2）自动泊车系统阿克曼建模设计。为建立自动泊车模型，车辆被简化为

矩形刚体，采用前轴和后轴中心坐标作为参考点，得到汽车自动泊车运动的阿克曼转向几何模型如图 4-17 所示。

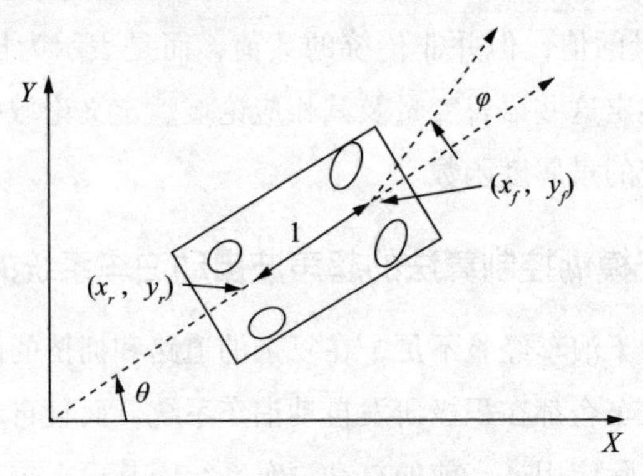

图 4-17　阿克曼转向几何模型

图 4-17 中，$(x_f，y_f)$为汽车的前轴坐标系数，$(x_r，y_r)$为汽车的后轴坐标系数；φ为汽车前转轮的转向角度数值；θ为汽车自身的转角数值。

设$(x_r，y_r)$后轴中心点的运动速度为v_r，则汽车阿克曼转向几何运动方程式为

$$x_r = v_f \cos\theta \cos\varphi = v_r \cos\theta \quad (4-63)$$

$$y_r = v_f \sin\theta \cos\varphi = v_r \sin\theta \quad (4-64)$$

$$\theta = v_f \frac{\sin\theta}{l} = v_r \frac{\tan\varphi}{l} \quad (4-65)$$

由式4-63、式4-64、式4-65可知，在低速自动泊车环境下，$(x_r，y_r)$后轴节点运动为一个固定圆形轨迹，且定圆的半径值仅与汽车前轮转向角度φ数值相关。

（3）模糊控制功能设计。为了实现自动泊车阿克曼转向几何运动模型，人们设计了自动泊车模糊控制方法。相对于传统运动控制技术，模糊控制集成了自然语言习惯，更加适用于自动泊车系统中。自动泊车模糊控制的方法主要包括以下几种。①环境采集。环境采集通过 8 个超声波装置完成车辆前后轴坐标$(x_f，y_f)$与$(x_r，y_r)$和车自身转角θ的数据记录，然后将坐标值与转角值进行数据预处理，最后完成数据的模糊化。②模糊推理。模糊推理通过驾驶员的传统泊车数据和模糊控制规则，实现了模糊判断和控制量的计算。③转向舵机自动

泊车。舵机根据模糊控制的输出自动调整车辆前轮的转向角，从而达到自动泊车的效果。自动泊车模糊控制结构如图 4-18 所示。

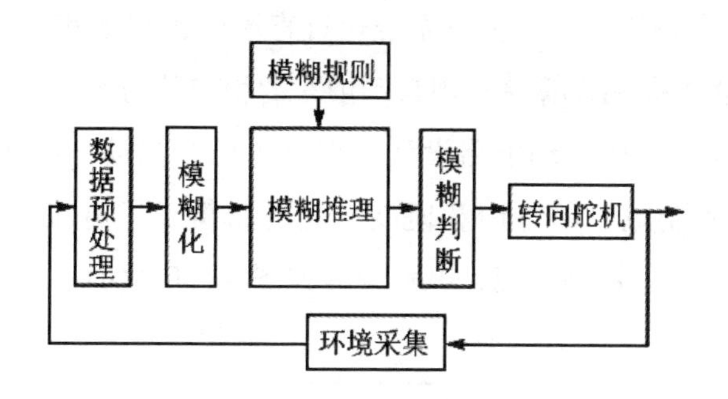

图 4-18　自动泊车模糊控制结构

2. 自动泊车硬件系统设计

自动泊车硬件系统主要包括以下几部分。一是飞思卡尔 K60 核心控制器，负责泊车数据自动处理；二是超声波接收装置，部署了 8 路超声波传感器，用于识别车位位置信息与建立泊车区域视图；三是摄像头，完成倒车影像的数据采集，增强系统的智能化水平；四是语音模块，在自动泊车过程中，通过实时语音提醒车主车辆运动状态；五是电源电路，为系统提供供电支持。自动泊车硬件系统电路如图 4-19 所示。

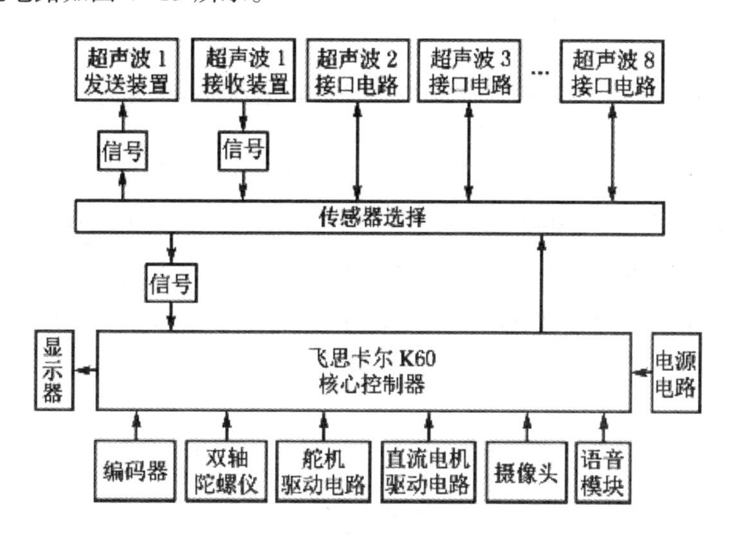

图 4-19　自动泊车硬件系统电路

自动泊车系统启动后，K60 直接控制舵机驱动电路，双轴陀螺仪将采集的汽车自身转角θ传输至 K60，通过第 1 次 PID 控制算法，精准完成汽车前轮转角φ的数据采集与输出。自动泊车系统通过直流电机驱动和编码器将速度反馈给 K60，利用第 2 次 PID 算法实现自动泊车的稳定执行。

（1）系统直流电机驱动电路设计。直流电机的驱动电路使用 H 桥驱动芯片 BTS7960 来控制电机的方向和速度。此电路集成了电流检测、电机控制，以及 P 型和 N 型相位控制功能，电路设计如图 4-20 所示。

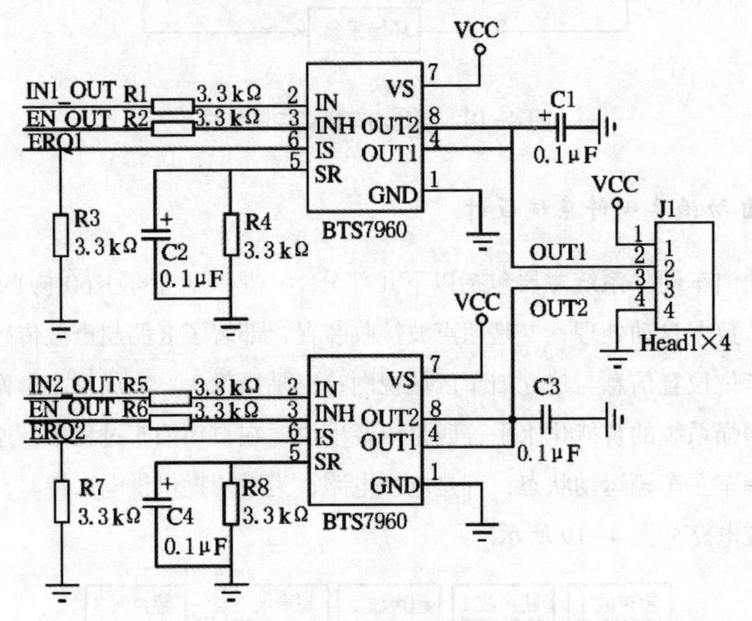

图 4-20　自动泊车直流电机驱动电路

（2）系统电源电路设计。LM1117 芯片用于将 12 V 电压降至 3.3 V，为 K60 主控芯片供电。LM2940 芯片负责输出稳定的 5 V 电压，为摄像头、超声波和显示器电路提供持续稳定的电源。舵机供电采用了 LM2596-ADJ 芯片，实现 5 V 可调电压的舵机驱动，电源电路连接设计如图 4-21 所示。

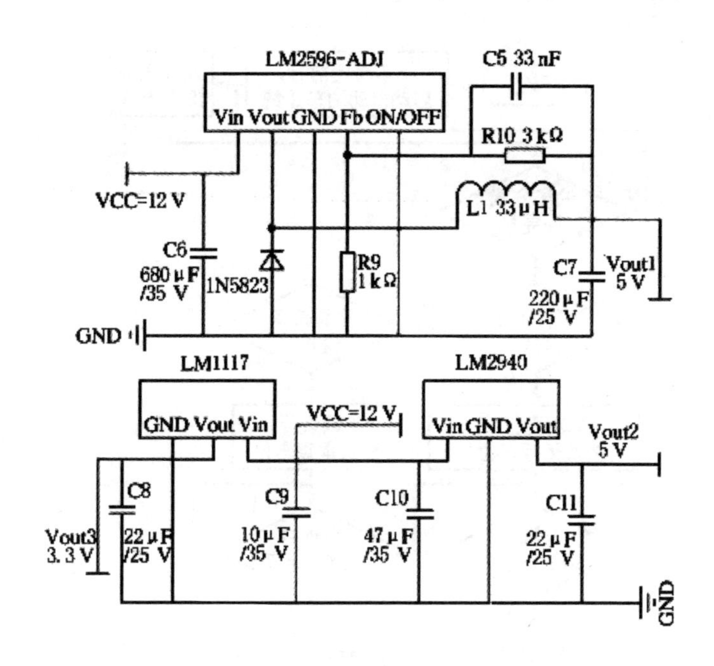

图 4-21　自动泊车电源电路连接设计

3. 自动泊车系统设计

当车辆进入预设位置后，驾驶员启动自动泊车系统，同时完成泊车方式选择。泊车方式主要包括以下两种。一是平行泊车模式。车辆行驶时，自动泊车系统通过摄像头自动寻找平行车位，一旦识别到车位，便开始自动进行平行泊车。二是垂直泊车。车辆行驶中，自动泊车系统通过摄像头自动寻找垂直车位，一旦找到车位，便开始自动进行垂直泊车。自动泊车系统利用超声波传感器和双轴陀螺仪采集汽车后轴坐标(x_r, y_r)、前轮转角φ和汽车车身航向角θ数据后，将参数输入模糊控制器中，从而实现车辆自动泊车运行状态的控制。自动泊车系统总体流程如图 4-22 所示。

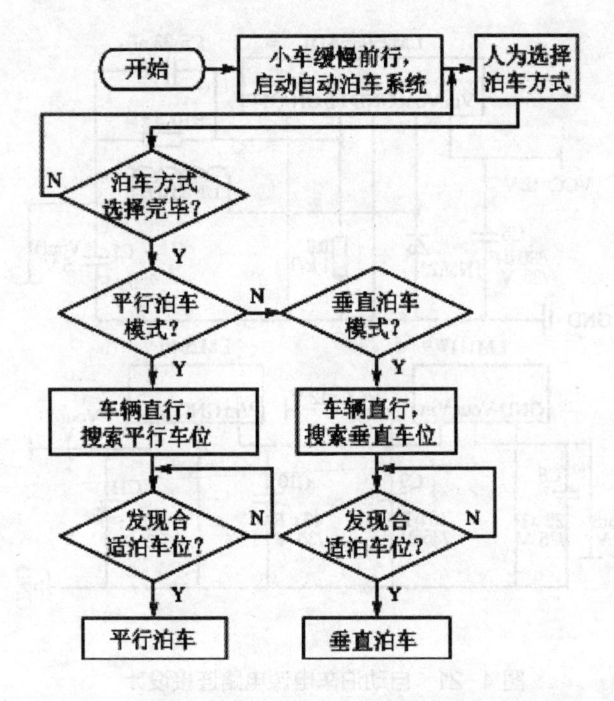

图 4-22　自动泊车系统总体流程

自动泊车系统使用后置摄像头进行车位扫描和启动倒车影像，8 个超声波传感器感知周围环境并采集泊车数据。通过模糊控制算法，自动泊车系统自动调整车身姿态实现泊车。自动泊车子系统流程如图 4-23 所示。

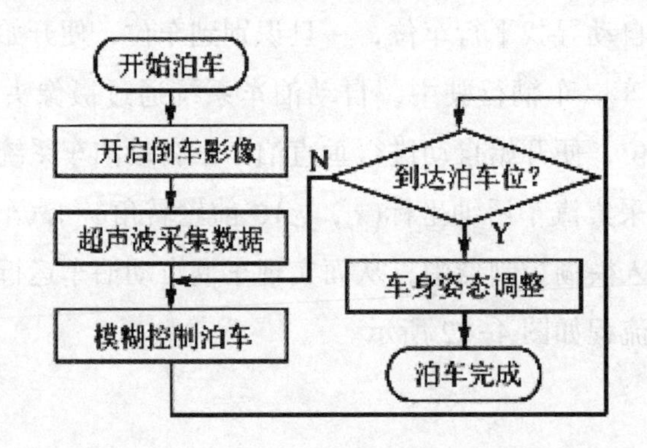

图 4-23　自动泊车子系统流程

模糊控制的超声波自动泊车系统集成了主控 K60、超声波传感器、双轴陀螺仪、舵机驱动电路、直流电机驱动电路、摄像头，以及语音模块等。系统利用温度补偿增强超声波的精度，并采用 2 次 PID 模糊控制完成平行和垂直泊车。为增强用户体验，自动泊车系统加入了倒车影像显示和语音提醒。仿真与测试证明，自动泊车系统设计满足初衷，具有实际应用价值。

5　电气自动化控制技术的创新应用

5.1　电气自动化控制技术的应用

电气自动化控制技术正不断地融合现代高端科技，如信息技术、电子技术、计算机技术和智能控制技术。这种集成使新时期的电气自动化控制功能更加丰富、操作更加简单、更加安全可靠。计算机技术的进步为电气自动化控制技术水平的提升奠定了基础。计算机技术能够为电气自动化控制技术提供更加优化的控制，还能监控并管理生产设备，从而增强现代企业的自动化水平。新时期的电气自动化控制技术已广泛应用于军事工业、建筑业和各类生产企业，这说明电气自动化控制技术具有巨大的应用潜力。

二十世纪四五十年代，受电子信息技术和互联网智能技术的推动，工业电气自动化控制技术开始在社会生产管理中得到应用。经过几十年的发展，工业电气自动化控制技术不断完善，现已广泛应用到社会生产和日常生活中，这对电子信息时代的进步具有深远意义。在信息化时代的背景下，生产和生活观念的变革对工业电气行业提出了更高标准，促使相关技术人员对电气自动化控制技术进行创新。电气自动化控制技术水平的不断提升标志着它在工业电气系统中的角色日益凸显，这不仅具有历史性的研究价值，而且对社会经济的持续发展起到了关键作用，有助于推动国家繁荣。

5.1.1　工业的电气自动化控制技术应用发展情况

工业电气自动化控制技术在现代工业中的应用对推进产业进步起到了关键

作用。它不仅可以有效地节约资源和降低生产成本，还能增强我国在全球电气技术领域中的竞争力，进而助力我国经济的迅速增长。多家 PLC 制造商已根据可编程逻辑控制器标准 IEC 61131 推出了一系列的产品和软件。通过利用现场总线控制系统，人们可以将自动化系统和智能设备完美地结合起来，从而实现高效的信息交互。这对整个工业生产过程都是至关重要的。现场总线控制系统以其独特的智能化、互用化、开放化和数字化等特点，在工业生产中得到了广泛的应用，已经成为未来工业自动化的关键发展趋势。

1. 科技的不断发展推动电气自动化控制技术的快速发展

电气自动化控制技术在工业生产中得到了广泛的应用。随着自动化机械逐渐取代手工劳动，电气自动化控制技术不仅使生产过程变得更为高效，还能完成一些由于环境因素而人工无法承担的任务。这种技术的应用极大地减少了生产成本，缩短了工作时间，并显著提高了工作效率，从而为企业创造了更为丰厚的经济收益。除了在工业生产中的应用，电气自动化控制技术也逐渐融入人们的日常生活中。为了满足这一领域的人才需求，我国的许多高等教育机构都纷纷开设了电气自动化相关的专业课程。

自 20 世纪 50 年代起，我国开始在高等教育机构中开设电气自动化专业，仅用了半个世纪，这一领域就取得了卓越的成果。电气自动化专业以其宽泛的专业领域和广阔的应用前景，即使在经历了国家多次的教育体制调整后，仍展现稳健的发展势头。近些年，伴随电子科技的飞速进展，工业电气自动化控制技术在各产业领域及人们的日常生活中都得到了广泛应用。从整个工业电气自动化控制技术发展的角度看，信息技术的迅速崛起为其提供了强大的推动力，并为其持续进步打下了坚实基础。大规模集成电路的出现为电气自动化控制技术提供了关键的硬件支持，使固体电子学在推动工业电气自动化控制技术的发展过程中发挥了不可或缺的作用。

2. 工业的电气自动化控制技术具体应用

工业电气自动化控制技术在推动现代工业进步中扮演了重要角色，极大地提升了中国的电气自动化控制技术水平和工业总体实力。可编程逻辑控制器标准 IEC 61131 的引入和执行，为 PLC 制造商设定了清晰的可编程逻辑控制器准则，进一步为电气自动化控制技术行业带来了创新与活力。这一措施确保了现场总线控制系统能够完美地与智能设备，以及自动化系统集成，克服了系统间信息传递的挑战，对整个工业生产环境产生了持久且深入的影响。数字化、开放性、互通性和智能化的电气自动化控制技术已在工业生产中得到广泛实施，并在各个生产环节中得到了深入的应用。

在现场总线控制系统的支持下，设备与化工厂的信息交流逐步增强，并且日益便捷。这套系统可根据工业生产的特定需求进行调整，为各种生产任务创建专门的通信平台。

5.1.2 工业电气自动化控制技术应用发展策略

1. 统一电气自动化控制系统标准

工业电气自动化控制技术的稳定发展与标准化系统程序接口的紧密对接是息息相关的，现代计算机技术和相关技术标准规范可以有效地促进电气自动化工业控制体系健康高效地运行。这种对接不仅能够节约成本、缩短操作时间、减轻工作人员的工作负担，还能简化工业流程中的自动化程序，确保数据传输、信息交流和数据共享的流畅性。例如，人们通过将 EMS 实践系统和 E 即体系有效地结合，借助电气自动化控制技术和计算机技术，可以统一处理生产中的问题，并统一办公标准。人们通过统一电气自动化控制技术标准，可以进一步推进自动化管理流程的标准化，解决不同系统间的信息传输障碍，从而为工业电气自动化控制技术的未来发展打下坚实的基础。

2. 架构科学的网络体系

构建合理的网络体系是工业电气自动化控制技术走向现代化和规范化的核心，这样的体系能够确保设备稳定运行，同时促进计算机监控与企业管理之间的高效信息交换。这使管理层能够实时了解设备运行情况，提高决策效率。随着计算机技术的发展，电气自动化控制网络应增设数据处理功能，并构建工业生产的安全防护系统。一个科学的网络不仅完善了电气自动化工业结构，还最大化了整体效益。

3. 完善电气自动化控制技术系统工业应用平台

为了确保电气自动化控制技术系统工业应用的效果，人们需要构建一个健全、开放、标准化和统一的应用平台。这个平台对电气自动化控制技术的规范化设计和应用起到重要的作用，它不仅为电气自动化控制技术工业项目的实施提供坚实的支撑，而且能在系统的各个操作环节中起到辅助作用。这样不仅能降低在工业生产中电气自动化设备应用所需的成本，还能提高电气设备的服务能力和综合使用率。通过这个平台，企业可以更好地满足用户的特定需求，并实现独特的系统运行目标。在实践中，根据工业项目的具体要求和实际情况，人们可以借助计算机的 CE 核心系统和 NT 模式软件，来达到精准的操作目的。

5.1.3 工业电气自动化控制技术的意义与前景

工业电气自动化控制技术在工业电气领域具有深远的意义，主要表现在促进市场经济的发展和提高生产效率两大方面。从市场经济角度看，这种技术能够充分挖掘电气设备的使用价值，增强工业电气市场各环节的连接，确保工业电气自动化控制技术的管理系统按照既定制度稳健发展，从而提高工业电气领域的经济收益，进一步推动整体市场的经济效益。在提高生产效率方面，工业电气自动化控制技术能强化工业电气的管理和监督，合理配置市场资源，有效地控制生产成本。这不仅为管理者提供了精准的决策依据，还能在减少人工成本的情况下增加生产效益，为工业系统创造一个持续的、健康的发展环境。

工业电气自动化控制技术在现代工业、农业和国防等领域的应用能显著节约资源，降低成本，为我国带来丰厚的回报。随着我国工业自动化技术的逐步完善，人们不仅能够实现自主创新，更能推动国家整体经济向前发展。为了保持领先，我国的电气自动化企业需要加强技术创新，提高自身研发能力，生产出更优质的自动化产品。这些自动化产品强调标准化和规范化，能助力企业更快地实现经济增长模式的转变，并进一步提升我国工业电气自动化的整体技术水平和应用水平。

随着我国工业电气自动化控制技术的不断进步，其在社会中的地位逐渐上升。为确保自动化生产的规模化和标准化，人们必须持续完善电气自动化的相关标准。要进一步提高我国在这一领域的自主创新能力，人们就需要改进相关的制度和政策框架，为企业研发自动化系统提供更多支持和空间。强化创新和研发是推动经济增长和实现技术科学发展的关键。从整体趋势来看，我国的工业电气自动化控制技术将逐渐向分布式信息化和开放式信息化方向发展。

5.1.4 电气自动化控制技术的具体应用

1. 电气自动化控制技术在煤矿开采作业中的运用

（1）电气自动化控制技术在煤矿开采作业中的运用思路。传统煤矿开采方法导致了大量的人力资源的浪费和生态环境的破坏，为适应煤炭生产的现代化变革，煤矿开采开始采用电气自动化控制技术。技术人员根据相关指导意见，构建了以智能化为支撑的开采系统。这个系统是集成了皮带、工作面和泵房的集中监控系统，利用各种传感器实现统一调度，提升煤矿开采的安全性。电气自动化控制的应用覆盖了煤矿的固定场所（如提升机房、水泵房等）及采掘与运输设备，实现了高危岗位的自动化和固定岗位的无人值守化，结合在线诊断和远程运维，确保煤矿设备安全高效运行。

（2）电子自动化控制技术在煤矿开采作业中的运用方案。

①综合机械化采煤自动控制。在追求高产高效的煤矿建设中，综合机械化采煤作业的电气自动化控制技术显得尤为重要。它不仅大大提高了生产效率，还显著减轻了工人的劳动负担。为了适应现代智慧矿山的发展趋势，这项技术能够根据生产工艺，实现各生产设备的有序协同工作。在实际操作中，人们可以远程控制井下设备的启停，使综合机械化采煤作业面向少人或无人化生产迈进。

在煤从煤壁掉落到运输工作面的过程中，井下综合机械化采煤设备主要包括采煤机、刮板输送机、转载机、胶带输送机和破碎机。这些设备的安全高效启动至关重要，因为它们决定了是否会出现堆煤等问题。人们按照胶带输送机、破碎机、转载机、刮板输送机到采煤机的逆煤流顺序启动（或相反的顺序停机），可以使用基于 Modbus TCP/IP 通信的集中控制系统连接各监控系统，实现各设备之间的协同工作。当一个设备启动时，它会通过 Modbus TCP/IP

通信传递启动信号给下一个设备，引发后者的启动预警，并使下一个设备自动启动。同样，当一个设备停止时，它会发送信号，导致下一个设备自动停止。与传统的按固定时间间隔设置的启停方式相比，基于 Modbus TCP/IP 的方法更为智能，它确保在煤完全运输出设备之前不会出现空载问题，为设备的再次启动创造了更佳条件。

如图 5-1 所示，煤矿综合机械化采煤自动控制系统包括胶带输送机监控系统、三机监控系统、采煤机控制系统三个子系统。胶带输送机监控系统主要通过电流监测装置来感知胶带输送机的运行状态。三机监控系统则专注于刮板输送机、转载机和破碎机的电流监控。采煤机控制系统针对采煤机进行了专门的监控。这些系统都具备自动停机、时间保护，以及闭锁保护的功能。在煤矿综合机械化采煤工作面，系统能够自动采集与处理实时数据，确保设备在正常生产或遇到故障时都能进行自动停机，并在停机时启动时间保护功能。在设备出现故障时，系统还能启动闭锁保护，确保设备及人员安全。

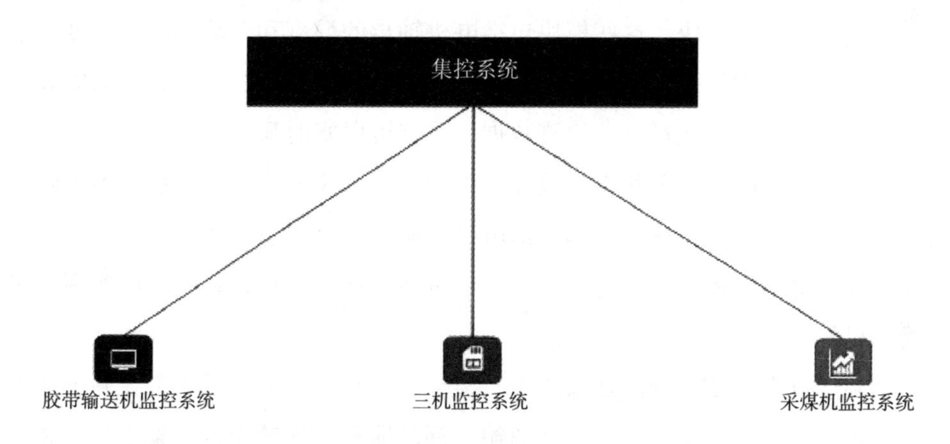

图 5-1　煤矿综合机械化采煤自动控制系统

在自动控制系统中，核心元件是高速数据采集卡 PCI-1716，它被部署在采煤机、胶带输送机和三机运输系统上，PCI-1716 通过 Modbus TCP/IP 通信协议和以太网，与顺槽的高速嵌入式电脑连接。PCI-1716 能实时监测煤矿设备的电流并判断其运行状况，随后将数据传输给嵌入式电脑。该电脑会对接收到的数据进行分析，并根据分析结果发送启动或停止的控制命令。例如，电脑可以通过 Modbus TCP/IP 发送巡检指令，让数据采集卡检查各设备的电流，然后再将检查结果反馈给电脑。

在煤矿综合机械化采煤作业的自动控制过程中，高速嵌入式电脑扮演了关键角色。该电脑能够对比综合机械化采煤设备的实时电流与空载电流。当检测到设备的实时电流与空载电流匹配时，高速嵌入式电脑判断该设备中的煤块已经完全运出。然后，高速嵌入式电脑会按照顺序发送停机命令给各设备：从采煤机到刮板输送机，再到转载机，破碎机，最后是胶带输送机。每当一个设备接收到停机命令并实际停止运行后，嵌入式电脑会立刻激活一个时间保护计时机制。以采煤机为例，当它处于停机状态时，电脑会监测刮板输送机的电流并激活其时间保护功能。如果在这一预定的保护时间内，系统无法确认设备已经进入空载状态，电脑会输出一个故障强制停机闭锁保护命令。否则，它会发出停机等待命令。这一系列动作确保了煤矿综合机械化采煤作业面的生产设备能够安全、高效地进行自动控制。

为了提高胶带输送机的安全性和效率，除了电流检测外，人们还可以增设多种在线自动监测模块。这些模块包括电机轴承的温度和振动监测、速度、烟雾、开关故障、履带张紧力、履带驱动轮表面温度、煤位、超温、纵向撕裂和打滑等状态的检测。通过这些检测数据，系统可以实时显示输送机的各种工作状态和信息，如电机开关状态、温度、煤的位置和速度等。一旦系统检测到如撕裂等的故障信号，系统会立即切断电机电源，并沿线急停闭锁，同时通过电铃和嵌入式电脑端提醒人员进行处理。通过增设通信模块，系统可以实现对多台输送机的集中联网控制。

②架空行人自动控制。在煤矿中，架空行人装置能够帮助矿工在井下通道上下行走，这个装置由电动机、变速箱、钢丝绳和托绳轮组成。架空行人装置可以为工人提供超过 50 m 的垂直运输。但架空行人装置常出现空载运行问题，导致架空行人装置的设备磨损和高电耗。因此，人们引入了配备红外传感器和逻辑控制器的电气自动化系统，使实现设备在需求时自动运行，并在无人时 10 min 后自动停机，从而起到保护设备的作用。

热释电红外传感器由高热电系数的材料（例如钽酸锂、锆钛酸铅陶瓷）制成。这种传感器具有两个串联的反极性探测元件，大小为 2 mm × 1 mm。这些元件通过前端的菲涅尔透镜接收 10 ～ 20 m 范围的红外辐射，并将其转化为电压信号，信号在经过场效应管放大后可以放大到 70 dB。人体温度常为 37 ℃，其发出的红外主波长约为 10 μm。这些红外线被被动式红外探头捕获，并经透镜加强，使电荷生成并释放。释放的电荷被后续电路感知，并产生高电位信号，进一步被发送到 PLC 中，根据此信号，控制器能够执行相应操作。

当工作人员进入架空行人装置的红外传感器探测范围时，红外传感器会检测到人体的红外线。经过信号的放大、传输、对比和逻辑控制处理后，红外传感器会发出启动装置的指令。逻辑控制器这时进入延时模式。如果在延时期间没有新的人员进入探测区，则在延时结束后，红外传感器会发出停机指令；若有新的人员经过，延时时间会被刷新。整个控制流程包括红外传感器的连续运行和信号输出、信号的放大处理、通过 PLC 进行指令判断和控制，以及开始刷新的延时停机机制。当人员完全离开探测区 10 min 后，装置会自动停止运行。控制程序运行时间见表 5-1。

如表 5-1 所示，水平标高 -100 ～ -230 m 之间由主暗斜井、副暗斜井、行人暗斜井连通，行人暗斜井巷道全长 600 m，倾角 16° 。

表 5-1　控制程序运行时间

控制程序	传感器 1 ～传感器 2	传感器 2 ～传感器 3	传感器 1 ～传感器 3	PLC 控制器延时计时
	水平标高			
	-100 ～ -180 m	-180 ～ -230 m	-100 ～ -230 m	
运行时间 / min	7	6	13	10

2. 电气自动化控制技术在电力系统中的应用

（1）电力系统中的电气自动化控制技术。随着科学技术的迅速进步，电力电子技术和微电子信息技术得到了深化和加强。传统的电力传动技术已无法满足现代自动化控制生产设备的诉求。电力系统中的电气自动化控制技术正被不断地优化，这使交流调速控制理论逐渐成熟，同时增加了变频器设备的使用，推动了自动化控制技术的健康和稳健发展。

①电网调度的自动化。电网调度自动化是利用电气自动化控制技术进行电

网的调控。根据相关数据，中国的电网调度管理主要采用五级分层方式。在日常的电网调度中，人们需要将电力系统与专用网络结合，利用信息采集和命令执行子系统及信息传输子系统，确保信息的准确收集、处理和相应控制命令的发出。

②发电厂 DCS。发电厂的 DCS 采用分层分布式结构模式进行操作。它通过控制单元、工作站和网络数据来建立完整的系统。在处理和计算相关参数之后，该系统能够在生产过程中进行有效的监控，并实现互锁保护，从而展现其在电厂中的核心价值和功能。

（2）电子自动化控制技术的应用方向。

①电力系统自动化实时仿真系统的应用。科学的应用仿真系统不仅可以提供相关的实验数据，还能与各种电力系统实验同步进行。这种同步能助力科研人员对新设备的测试，并确保各种控制装置逐步构建成一个闭环系统。这种方法为灵活输电系统和智能保护研究提供了必要的实验条件和环境。电力系统的数字模拟实时仿真系统有助于简化电力系统的负荷动态监测和实时建模过程。这种系统可以全方位地分析和研究电力系统，确保建立一个具有混合实时特性的仿真实验室环境。

②综合自动化技术和智能保护技术的应用。根据最新的调查数据，中国的自动化技术研究与国际标准相当，在智能自动化保护技术方面已经超越了国际发展水平。为满足不同电压级别电站的运行需求，分层式综合自动化装置得到了推广和应用。考虑到当前国内外在人工智能、自适应理论和综合自动控制理论的应用，人们需要深入研究和分析电力系统自动化保护的创新原理。这种深入的研究不仅可以提高电力系统的运行安全，而且更能凸显新型智能保护装置在控制方面的重要价值和作用。

③电力系统中人工智能技术的应用。在电力系统的故障诊断、运行及设计的研究中，人们必须明确电力行业的发展需求和标准。为此，研究人员应加大电力系统智能控制理论与应用的研究力度。为提升电力系统的运行质量和智能化控制能力，研究人员需要在软件基础研究领域进行深入探索。

④电力系统配电网自动化技术的应用。电力系统配电网的自动化技术所采用的模型是基于国际标准的公共信息模型。为了深化输电网的理论算法，将配

电网与高端软件紧密结合是必要的。在进行负荷预测时，电力系统采用了人工智能中的灰色神经元算法。为了执行潮流计算，人们也引入了配电网递归虚拟流算法。得益于中国科技的飞速进展，电力系统的配电网自动化技术得到了显著的提升。这种技术的价值和重要性表现在对信息配电网的一体化、先进软件的应用，以及中低压网络数字化等方面。这些技术手段的采纳有助于解决配电网上的杂波导致的资源浪费问题。数字信号处理技术的引入也进一步增强了载波接收的灵敏度。

⑤变电站自动化技术的应用。变电站在电力系统中扮演着关键角色，它将高压电转化为适用于日常生活的民用电压。鉴于变电站的独特性质，单靠人工是难以完全满足其操作和维护的需求的。然而，若人们在变电站内部采用科学和合理的自动化技术，不仅可以提高工作效率，还可以增强变电站的稳定性和安全性。通过自动化系统，人们可以对变电站的设备进行更加合理的规划和管理。更重要的是，当变电站采用自动化技术时，人们可以根据其实际运行状态进行系统优化和创新，从而充分展现系统的智能化特征，并降低故障风险。

电气自动化控制技术具有实时监测的功能，能够在在线设备管理中发挥关键作用。这种技术可以实时收集和分析系统运行的技术信息，从而及时发现并分析变压器和其他电力设备的运行问题。在变压器和电气设备的运行中，定期的检查和维护是必要的。为了获取这些设备的运行数据，人们可以依赖电气自动化系统中的数据采集功能。电气自动化控制技术的使用可以使人们更加科学和高效地检查设备，确保人们能够按照相关的标准和要求进行故障检测。结合人工智能技术，人们可以进一步提高变压器在线检测的准确性。

⑥计算机技术方面的应用。电气自动化控制技术结合了计算机技术，代表了我国当前先进的技术发展方向。利用这种技术，工作人员可以根据精确的计算机指令进行操作，而自动化系统也可以按指令执行任务，从而提高效率并增强系统的安全性。随着计算机技术与自动化技术的进一步整合，人工干预的需求正在减少，正逐步被自动化系统取代，以适应现代社会的发展趋势。因此，电力企业和其员工必须学会科学操作终端设备，确保对电力系统的各个运行阶段实现有效管理和控制。

3. 电气自动化控制技术在矿山生产中的应用

（1）在矿山生产作业中，电气自动化控制技术的使用是非常必要的。

①电气自动化控制技术可以减轻操作人员的工作压力。在矿山生产中，电气自动化控制技术的引入对于减轻操作人员的工作压力起到了至关重要的作用。矿山作业的环境本身就是高度危险的和不稳定的，其中的风险与挑战经常给操作人员带来巨大的压力。在这样的环境下，任何的小差错都可能导致非常严重的后果。因此，操作人员不得不保持高度的警觉，这无疑增加了他们的工作强度。

电气自动化控制技术的引入改变了这一现状，它为矿山生产过程带来了精确性和可预测性。与人工操作相比，电气自动化控制技术减少了出错的可能性，因为机器可以在长时间内持续执行相同的任务，而不会受到疲劳、情绪或分心的影响。这种稳定性和可靠性为操作人员提供了一种安全感，使他们明白自己的工作正在得到有效的辅助和监控。电气自动化控制技术还为操作人员提供了一种工具，帮助他们更好地了解正在进行的生产过程。多数现代的电气自动化控制系统都有先进的界面，这些界面可以实时显示各种关键参数和数据。这些数据不仅帮助操作人员了解当前的生产状态，还能预测未来可能出现的问题，从而为他们提供了宝贵的决策时间，这种能力使操作人员可以提前预防问题，而不仅仅是应对问题。

由于很多烦琐和重复的任务已经被自动化，操作人员可以将更多的精力集中在解决真正的挑战和问题上，而不是一遍又一遍地进行重复性工作。这种改变不仅提高了工作效率，还使操作人员感到他们的技能和专业知识得到了更好地利用。

②电气自动化控制技术能够提升机械和设备的总体功能。随着社会的发展和经济实力的增强，人们对自然资源，尤其是矿产资源的需求日益增长。为满足这种需求，提高矿产资源的生产效率变得尤为重要。在这个背景下，整体的机械设备功能显得至关重要，因为只有设备的高效运转才能确保资源的最大化利用。电气自动化控制技术在这方面具有巨大的潜力，与传统的生产方式相比，电气自动化控制技术可以充分发挥每一台电气设备的最大效能，从而大大

提高生产效率。这种技术的应用不仅能优化生产流程，还能确保资源的合理利用，避免浪费。更进一步地说，电气自动化控制技术是连接现代科技与经济增长的桥梁，它为人们找到了一个兼顾生产高效与经济可持续发展的平衡点。

③电气自动化控制技术能够提升生产管理效率。矿山管理面临的挑战是复杂而独特的，因为每个矿山都拥有自身的地质特征、生产规范和资源条件。这使矿山只依靠人工管理很难实现对每一个环节的精细化监管，特别是在生产流程多样、岗位众多的情况下。仅依赖人力可能会出现监管的疏漏，从而导致生产效率低下、资源浪费，甚至安全隐患。在这种情境下，电气设备自动化控制技术为矿山管理带来了革命性的改变，这种技术能够实时监测生产过程中的各个环节，为管理者提供精确和实时的数据反馈，从而确保生产流程的高效、安全和稳定。通过电气自动化控制，矿山生产不仅可以更为精确地按照既定标准进行，还可以及时发现并纠正生产中的偏差和异常，确保每一个生产环节都得到有效的控制和管理。

更为重要的是，电气自动化控制技术的引入提升了矿山管理的规范性和细节化水平。它减少了人为因素带来的误差，使管理更为系统、严格和有序。这不仅提高了矿山的生产效率和资源利用率，也为确保矿山生产的安全和可持续性起到了关键作用。

④电气自动化控制技术能够及时完成工作任务。在传统的矿山生产模式中，人工劳动占主导，导致工作效率不高且人力成本大。电气自动化控制技术的引入，使矿山作业更为高效，大幅减少了矿山作业对人力的依赖。为确保机械设备的正确与安全使用，权威的专家负责设备的规范和控制，这样不仅可以合理分配工作量，还可以最大限度地减少人为错误。电气自动化控制技术与机械的深度融合确保了矿山设备的稳定运行，增强了对外部干扰的抵抗能力，降低了故障率，并确保了作业的及时性。

⑤安全保障。在矿山生产中，尤其是新建项目时，安全施工是关键考虑因素，尽管传统机械设备操作起来相对简单，但其维修与检测能力有限，这些设备一旦出现问题，工作人员很难迅速识别和处理，这可能会影响后续操作。而自动化技术的引入为矿山生产带来了更高的安全性。它能够实时监测系统的运行状况，根据实际工况自动调整关键参数，确保设备稳定、安全和可靠地运

行。如系统检测到任何异常，系统即可立即发出警报，并由专业技术人员进行检修，确保工作人员的安全。这不仅有助于提高生产效率，也确保了矿山工作的整体安全和利益。

（2）电气自动化控制技术在矿山生产作业中的实际应用。

①井下设备风门管理。在传统的矿山管理中，控制夏季进气阀的方法主要是根据生产法规手动操作，但由于地下阻尼器两侧存在工作压力差，使进气阀难以手动开关，不当的操作甚至可能导致进气阀损坏或对管理人员造成安全威胁。为了更高效和安全地控制进气阀，电气自动化控制技术的引入成为必然，它能够将手工操作转变为全自动化操作，确保高压开关柜的稳定和工人的安全。结合红外技术，电气自动化控制技术可以实时监控进气口、排气口的人员和车辆流动，自动控制进气阀的开启和关闭。为了进一步减少进气阀两侧的压力差异，人们可以在风门一侧设置小窗口，并结合电源开关和电气自动化控制技术，使风门自动开关，从而减少进气门的损伤风险，并确保整体运行的稳定性和安全性。

②设备运输管理。在机械设备的运输过程中，电气自动化控制技术被广泛运用，实现了双回路的变频系统软件与精确转换的电控系统。这种技术集成了手动、全自动、半自动及紧急停机等多种功能，手制动控制能利用电子设备提供的全数据和差分信号实现精确的零锁定。当电源电路或控制回路出现断路时，系统能够立即发出警报。配合触摸液晶屏，用户可以实时了解设备的位置、速度等关键参数。

③机电工程系统。在过去的采矿和生产活动中，机械设备主要依赖电磁阀来控制。但随着技术的进步，电气自动化控制技术开始广泛应用并不断完善。现代的控制器能够管理大功率通信的运行，使其更加高效。电气自动化控制技术不仅可以直接集成到设备中，还允许在其他位置设置控制台，进一步提升操作效率并简化操作步骤。例如，在压缩机设备（如小型螺杆气动压缩机）中，电气自动化控制技术确保了恒定的气压，达到了节能和环保的目标。在排水系统的应用中，它可以自动调整供水量，满足供电需求，同时避免水资源的浪费。

④设备自查系统。矿山生产中的安全隐患是一个不容忽视的问题，借助电

气自动化控制技术，人们可以对设备的各个操作阶段和施工团队进行实时监控，从而为现场生产提供具体指导。通过全自动的监控机制，人们可以及时发现生产过程中的问题和潜在的安全隐患，从而迅速采取措施进行纠正，以避免可能带来的负面后果。结合矿山特定的生产环境，人们可以吸取国内外的成功经验，确保监控设备的准确性和管理计划的适用性。例如，人们可以利用无线技术将控制中心与现场工人连接，使控制中心可以实时给工人发出指令，而工人也能及时回馈生产信息，借助信息技术，人们可以精确掌握施工队伍的动态，从而能够有效分配任务，并在紧急情况下指导员工迅速撤离。

⑤集中控制系统。在矿山的中央控制系统中，电气自动化控制技术被用来升级和改造 PLC，确保充分考虑工作压力，并精确控制清洗、运输等各种系统软件。多个控制器能够进行实时的高效通信，这对于数据的快速收集和处理，以及制定合理的生产策略至关重要。实际应用显示，集成自动化技术的应用不仅使系统对电源电路的监测和管理变得更加精确，同时实现了质量控制的整体目标。

⑥车门防跑。在采矿生产的斜井运输环节中，超速行驶的矿车是一个常见且关键的问题。为了应对这一挑战，人们可以引入了电气自动化控制技术，特别是自动安全门保护机制。这种自动安全门装置根据矿车的行进状态自动开启或关闭，从而确保矿车正常运行。当矿车正常行驶时，门会在车辆临近时自动开启；但在矿车超速的情况下，安全门会保持关闭状态，这样能够防止矿车继续前进，从而避免可能发生的事故。这种自动化安全门系统不仅增强了矿井运输的效率，更重要的是，大大提高了运输过程的安全性，有效地降低了安全事故发生的风险。

⑦矿产机械设备。在矿山行业，矿产开采机器在开采过程中发挥着关键作用。通过整合电气自动化控制技术，这些机器可以根据现场的具体条件自动调整其开采速率和工作高度，确保高效、准确地满足开采需求。相较于传统的开采设备，引入电气自动化控制技术的设备具有更低的出错率和更高的稳定性，且运维工作大大减少。如今，电气自动化控制技术已成为矿山开采不可或缺的组成部分，它为整个行业的进步和发展提供了强大推动力。

⑧排气设备。矿山工业由于其特殊的开采和生产环境，自然通风的电气自

动化控制技术设计需要考虑分层、分散和冗余等特点以确保稳定运行。这种技术利用了以太网光纤环网、光纤传输和多机空气技术来保证系统的稳定性。为了有效地管理矿山的自然通风，人们使用了基于手机软件和虚拟控制台的控制系统，使通风得到合理控制。矿山通风自动化系统具备多种功能，如现场手动控制、三种远程控制、数据展示、故障记录、现场报警、冗余处理和系统扩展等，能够确保矿山环境的稳定和安全。

⑨排水设备。采矿排水管道的综合自动化技术具有五大核心功能。它能够在无人干预的情况下自动控制离心泵的工作，从而实现有效的设备布局，确保排水效果并实现节能和环保目标。该技术具备多种保护功能，包括对负荷、负压、泄露、超温，以及径向环境温度等的监控，确保机械设备的安全可靠运行。它可以实时将水泵房的数据发送到地面控制中心，并显示设备运行状态，允许从地面发送指令进行远程操作。自动化系统提供三种操作模式：远程操作、局部自动控制和手动操作。这三种操作方式确保了系统有灵活的控制策略以适应不同的工作条件。系统采用了多种嵌入式控制技术，使其具备智能决策能力，进一步提升了自动化水平。总的来说，这种综合自动化技术为矿山排水提供了高效、安全和智能的解决方案。

（3）电气自动化控制技术在矿山生产作业中的发展方向。

①一体化。集成是为了提升数控机床性能指标，通过整合设备基本功能，并将其控制模块标准化，如仓储、打字插座和出口端口等。这种标准化控制模块可以用来创建不同的数控机床，使其具有多样的调整、剪裁、尺寸和工作时间。由于市场上机械设备的生产厂家众多，因此在产品的开发和生产中选择统一规格的插座变得尤为重要，这有利于后续应用和维护。在电机、智能降速和机电一体化方面，利用多角度和图像为问题提供解决方案，并对控制模块进行升级，这不仅有助于提升生产规模，还能推动新商品的开发。例如，当制造标准化的工业设备时，人们应注重生产多功能商品并合理配置，以实现降低成本和提高效率的目标。

②互联化。互联化是机电工程中机械自动化的核心发展趋势，预计将为工业和矿山生产带来翻天覆地的变革。在矿山的生产流程中，互联化起着至关重要的作用，涉及原材料的采购、商品的生产、市场扩展等多个环节。其中，互

联网技术为机电工程自动化控制的学习和培训提供了强有力的支持，加深了各区域之间的交流与合作。在具体的矿山开采环境中，人们通过链接服务器和监控系统来实现远程控制，按照预定的流程进行操作，不断地完善和改进管理方法，进一步推进设备自动化控制的高速进展。

③智能化。智能系统融合了人工智能技术和电子计算机技术，赋予了系统逻辑推理、独立选择和自我管理的功能，使自动控制达到了更高的水平。工业机械手是这种智能系统的典型代表，它不仅可以替代某些人力工作，还能提高生产的效率。与智能系统技术相结合的矿山机械在高风险的作业环境中可以确保工人的安全，减少因为高风险工作带来的伤害和事故的发生概率。这种智能化的集成方式帮助企业实现了更高的生产效率。

④绿色环保化。在矿业中，人们长久以来过分追求经济效益而忽略生态环境，导致了大量的资源消耗、大气污染等。为了应对这些问题，未来的矿业发展方向应该是绿色的、环保的。这需要从两个方面进行努力。一方面，机械设备的设计、制造和运营中要采用新材料和技术，这样可以降低能耗，优化和改进机械设备，从而在保持高制造质量的前提下，实现降低成本的目标。另一方面，在管理层面上，人们要改变传统的管理模式，完善管理和约束机制，以确保机电设备的稳定、高效运行，也要注重环保和可持续的要求。

5.2 电气自动化节能技术的应用

5.2.1 电气自动化节能技术概述

电气自动化节能技术是电气自动化领域的新兴技术，随着其不断地发展，电气自动化节能技术在人们的日常生活和工业生产中扮演着重要角色。电气自动化节能技术的主要优点体现在两个方面。一是电气自动化节能技术能够为企业带来了明显的经济效益，包括降低运营成本、提高生产效率；二是电气自动化节能技术显著改善了工人的劳动条件。尤其在当前节能环保的大背景下，持续发展和应用节能技术已经被认为是未来经济增长的关键。对于电气自动化系统，随着电网的不断扩张和电力需求的日益增长，谐波问题也逐渐凸显。这些谐波不仅会影响电网的稳定性，还可能对电气设备造成损坏。为了解决这一问题，专家从节能角度出发，研究了减少电路的传输损耗、优化无功补偿、选择高品质的变压器和使用有源滤波器等措施。通过这些方法，电气自动化系统能够实现真正的节能目标，从而推动电气自动化节能技术的快速发展。

5.2.2 电气自动化节能技术的应用设计

电气设备的合理设计是电力工程实现节能目的的前提条件，优质的规划设计为电力工程今后的节能工作打下了坚实的基础。为使读者对电气自动化节能技术有更加深入的了解，电气自动化节能技术的应用设计包括如下几点。

1. 为优化配电的设计

在电气工程中，多数设备依赖电力来运作，因此电力系统成为实施电气工程的核心动力。这要求电力系统首先应满足各种用电设备的负荷需求，并提供持续、稳定的电力供应。供电时还需确保电气设备满足预定的规划标准，并保障其供电的可靠性、灵活性、控制性和效率。安全性和稳定性也是电力系统配电规划中的关键要素，因为它们直接关系到整个系统的正常运行和用电装置的安全使用。

电气系统的安全运行至关重要，为此，选择高绝缘性能的导线是首要任务。工作人员在安装时，要确保导线之间保持适量的距离，避免短路或其他危险情况。导线必须具备出色的热稳定性、负荷能力及动态稳定性，这些保证导线在各种情况下都能稳定工作。除此之外，电气系统需要有完善的防护措施，包括安装防雷和接地装置，这确保系统在遭遇雷击或其他外部风险时，能够有效地将危害减至最低。确保电气系统安全不仅涉及导线材料和设备的选择，还包括预防潜在的外部风险。

2. 为提高运行效率的设计

在电气自动化控制系统中，选用节能设备是至关重要的，而节能的工作应从设计初期就予以考虑。为了提高系统的能效，人们可以采用减少电路损耗、补偿无功和均衡负荷等策略。在配电阶段，设定合理的设计系数可以确保负荷分配的合适性。在实际运行过程中，上述方法不仅可以增强设备的工作效率，还能提高电源的总体利用效率。这些措施将直接或间接减少总的耗电量，从而实现真正的节能目标。

5.2.3 电气系统中的电气自动化节能技术

1. 降低电能的传输消耗

功率损耗是由导线传输电流时因电阻而导致损失功耗。导线传输的电流是不变的，如果要减少电流在线路传输时的消耗，就要减少导线的电阻。导线的电阻与导线的长度成正比，与导线的横截面积成反比，具体公式如下

$$R=\rho\frac{L}{S} \tag{5-1}$$

式中，R 为导线的电阻，其单位为Ω；ρ为电阻率，其单位为Ω · m；L 为导线的长度，其单位为 m；S 为导线的横截面积，其单位为 m^2。

由式 5-1 可知，为了降低导线的电阻 R 并实现节能效果，人们可以采取以下策略。①选择电阻率ρ较低的导线材料，以减少电路中的电能损耗；②当布置线路时，人们应使导线走直线路线，避免过多的曲折，这可以有效地缩短导线长度 L，从而减少电阻；③为了进一步降低传输距离导致的电阻，人们应当将变压器安置在负荷的中心位置；④选择横截面积 S 更大的导线也是一个有效的方法，因为较大的横截面积能够减小电阻 R。通过这些方法，人们可以有效地降低导线的电阻，进而达到节省电能的目的。

2. 选取变压器

在电气自动化节能技术应用中，挑选适当的变压器显得尤为关键。为了达到节能效果，变压器应该是节能型的，这可以有效减少其有功功率的损耗。同时，为了确保三相电流的稳定性，变压器也需降低其内部的损耗。为了保持三相电的电流稳定，工程师通常会采纳一些策略，如使用单相自动补偿设备、实施三相四线制的供电方式，以及确保单相用电设备均匀地连接在三相电源上。这些措施都旨在确保电流的稳定，从而提高整个系统的使用效率和节能效果。

3. 无功补偿

无功功率是指在具有电抗的交流电路中，电场或磁场在一周期的一部分时间内从电源吸收能量，另一部分时间则释放能量，在整个周期内平均功率是0，但能量在电源和电抗元件（电容、电感）之间不停地交换。交换率的最大值即为无功功率。有功功率 P、无功功率 Q、视在功率 S 的计算公式分别如下

$$P = IU\cos\varphi \tag{5-2}$$

$$Q = IU\sin\varphi \tag{5-3}$$

$$P^2 + Q^2 = S^2 \tag{5-4}$$

式中，I 为电流，其单位为 A；U 为电压，其单位为 V；φ为电压与电流之间的夹角，其单位为°；P 为有功功率，单位为 W；Q 为无功功率，其单位为 Var；$\cos\varphi$为功率因数，即有功功率 P 与视在功率 S 的比值。

在电力系统中，无功功率占据了供配电装置的大部分容量，导致了线路损耗增加和电网电压降低，进而影响电网的经济运行和电能的质量。对于消费者而言，低功率因数是无功功率的明显标志。当功率因数低于 0.9 时，供电机构会对用户征收额外费用，增加了用户的电费支出，从而对用户经济利益造成损失。使用适当的无功补偿设备能够在本地进行无功平衡，从而提高功率因数，减少相关的经济损失。

提升电能的品质、稳定系统电压并降低能耗，可以增强社会效益和经济回报。当电机受到电抗的影响时，它产生的交流电压和交流电流不会完全为零。这意味着部分由电机产生的电能无法被电器完全接收。这些不能被接收的电能在电机和电器之间来回流动，但无法得到有效利用。由于电容器可以产生超前的无功，这些无法被利用的无功电能可以通过与电容器产生的电能相互抵消来进行补偿。

5.3 电气自动化监控技术的应用

5.3.1 电气自动化监控系统的基本组成

电气自动化监控系统是将各种检测、监测和保护装置集成并统一的系统。在我国，许多电厂仍然使用传统和较为落后的电气监控系统，这些系统的自动化程度不高，不能对多台设备进行同时监控，因此无法满足电厂的实际监控需求。为了解决这些问题，电气自动化监控技术应运而生。这项技术有效地解决了传统监控系统存在的局限性，代表了电气监控技术新的发展方向。下面具体阐述电气自动化监控系统的基本组成。

1. 间隔层

电气自动化监控系统的设计考虑了设备的分层间隔，使各个设备在运行时能够独立地工作，降低了设备之间的相互干扰。系统的开关层还配备了专门的监控和保护元件，这不仅确保了每一设备的独立性和安全性，而且极大地减少了发生故障的可能性。更为重要的是，通过这种设计方式，电气自动化监控系统减少了二次接线的需求，从而减少了维护工作，并降低了相关成本，为企业节约了大量资金。

2. 过程层

电气自动化监控系统的过程层是系统中的关键组成部分，主要包含通信设备、中继器和交换装置等关键元件。这一层的核心功能是利用网络通信技术确保各设备之间顺畅、高效的信息交流。通过这样的设计，不仅实现了设备间的信息传输，还为整个站点内部的信息共享创造了有利条件，确保了系统的实时性和协同工作的效率。

3. 站控层

电气自动化监控系统的站控层主要基于分布式开发结构，重点在于独立地监控电厂内的各项设备。它是整个监控技术中发挥核心监控职能的关键部分，它确保电厂的设备在各个环节得到实时、准确的监视与管理。

5.3.2 应用电气自动化监控技术的意义

1. 市场经济意义

电气自动化企业通过使用电气自动化监控技术能够显著增加设备的工作效率，进而加深其与市场之间的联系，并促进企业持续发展。从财务角度看，电气自动化监控技术的引入和进步彻底革新了这些企业传统的运营和管理模式，这种技术升级带来的监控方法的改进和监控水平的提高，使资源和成本的分配更为高效和合理。总的来说，应用这种监控技术不仅优化了资源使用，还加速了电气自动化企业向现代化的转型，从而实现了在社会贡献和公司利润方面的双重优势。

2. 生产能力意义

电气自动化企业在其生产过程中融合了多学科的知识，而其生产效率的提升则离不开先进技术的支撑。通过将电气自动化监控技术引入企业运营，工人的工作负担得到了显著降低，企业的整体效率也得到了提升，这预防了因问题延迟发现而引发的连锁问题。随着此技术的广泛应用，企业的劳动力需求减少，对新技术和科研的投资增加，为企业带来了正向的发展循环，促进了企业整体水平的提升。然而，为确保效益最大化，管理层需要深入理解这种技术的应用，并为企业制定科学的规划，确保电气自动化监控技术充分发挥作用。

5.3.3 电气自动化监控技术在电厂的实际应用

1. 自动化监控模式

目前，电厂中经常使用的自动化监控模式分为两种：一是分层分布式监控模式，二是集中式监控模式。

分层分布式监控模式的操作方式如下。在电气自动化监控系统中，间隔层使用电气装置进行隔离，确保各设备的独立运行，同时配备了外部的保护和监控设备来增强系统的安全性和稳定性。网络通信层，作为信息的中枢，采用了如光纤之类的高级设备来捕获关键数据。在信息处理时，系统应严格按照特定程序进行规约转换，确保数据的准确性和一致性。经过分析处理后的信息和指令随后传递出去，站控层会对间隔层和过程层的操作进行统一管理和监督，确保整个系统的高效和稳定运行。

在集中式监控模式下，所有设备的监控都由一个中心控制系统负责，该系统通常设于电厂的控制中心。在这种架构下，各种传感器和监控设备捕获的强信号，如电流、电压、温度等，通过自动化技术转化为可被中央处理系统理解的弱信号。这些信号经过电缆网络传输至中央终端管理系统，由此系统完成数据的汇总、分析和处理。集中式监控模式有着直接性和集成性的特点，所有的监控活动从一个点进行管理，这不仅简化了监控流程，也便于实时数据的获取和快速决策的制定。中央控制系统拥有全面的控制视角，能够即时调度资源，对突发事件做出迅速反应。集中式监控模式减少了数据在传输过程中的冗余，提高了数据处理的效率。由于所有监控设备都直接连接到中心系统，因此在进行系统维护和升级时操作人员只需在一个地点完成所有相关工作。集中式系统也有利于标准化操作流程和提高操作人员的工作效率。

2. 关键技术

（1）网络通信技术。网络通信技术主要通过使用光缆或光纤进行传输，也会结合现场总线技术来完成通信。尽管此技术拥有高效的通信能力，但它可能对电厂的自动化监控带来不利影响，它可能干扰电气自动化监控系统的正常、有序运行，进而影响自动监控目的的达成。值得注意的是，尽管存在这些问题，目前仍有大量的电厂继续采用这种通信技术。

（2）监控主站技术。该技术主要用于管理流程，并对设备进行实时监控。此技术可以对各种设备进行有效的监视和管理，确保能够迅速识别出设备运行中的任何问题和潜在的需要改进的区域。主站的配置应根据发电机的具体容量来进行。无论发电机是什么类型，它都会对主站的配置有所影响。

（3）终端监控技术。终端监控技术在电气自动化监控系统的间隔层扮演重要角色，负责检测和保护设备。这种技术不仅可以确保电厂安全稳定地运行，还可以增强其运行的可靠性。这项技术在电气自动化监控系统中起到关键作用。随着电厂技术的不断发展和进步，终端监控技术也应该进行持续的优化和升级，以适应更高的工作要求，并提高其自身的适应性、灵活性和信赖度。

（4）电气自动化相关技术。电气自动化相关技术经常被用于电厂的技术开发中，这一技术的应用可以减少工作人员在工作时出现严重失误的次数。要想对这一技术进行持续的完善，主要从以下几个方面开展。

①监控系统。电气自动化监控系统要使用直流电源和交流电源，而且两种电源缺一不可。如果电气自动化监控系统需要放置于外部环境中，工作人员要将对应的自动化设备调节到双电源的模式。电气工程师需要依照国家的相关规定装配电气自动化监控系统，以确保电气自动化监控系统中所有设备能够运行。

②确保开关端口与所要交换信息的内容相对应。许多电厂在电气自动化监控系统中采用固定的开关接口，这确保设备正常运行时所有开关接口与相关信息一致。这种设计简化了监控系统的架构，即使在线路故障时监控系统也能轻松进行维修。但这种操作会增加线路数量，会导致使用了大量的线路，从而对整个监控系统造成负荷，热切还可能影响监控系统的准确性。电厂在实施时需要明确自动化监控系统与其他监控系统之间的主从关系，坚决以自动化监控为主导，形成一个链式的电厂监控结构。

③准确运用分析数据。在使用自动化系统的过程中，人们需要运用数据信息对事故和时间进行分析。但是，由于不同的电机会对系统产生不同的影响，因此最终的数据分析结果会欠缺准确性和针对性，无法有效地反映实际、客观的状况。

6 电气自动化控制技术的创新应用案例

6.1 电气自动化控制技术在电力企业中的应用

6.1.1 电力企业对电气自动化控制的发展要求

电力企业对电气自动化控制的发展具有较高的期望，安全始终是首先要考虑的核心要求。电气自动化控制系统需在各种条件下稳定运行，需要能迅速响应各种突发情况。自动控制系统应降低电力损失，使能源利用最大化，同时能够自动调整以满足不断变化的用电需求。此外，随着技术的进步，系统的智能化和信息化变得尤为重要，电力企业希望电气自动化控制能够实时分析数据，预测未来电力需求，并为决策提供支持，确保电网的高效、安全和智能运行。

1. 电力系统控制信息化发展要求

在信息化时代，每个人都深度依赖数据和信息。电力企业要确保电力系统的优质运行和高效管理，要想提高电力设备性能，关键在于加强电力控制系统的自动化与智能管理。电气自动化控制技术在信息化的基础上不断发展，不仅实现了电力设备的自动化操作和管理，减轻了员工负担，提高了系统的整体运行效率，还能有效处理和分析大数据，为企业决策者提供有力的科学支持。

2. 电力系统安全性、可靠性要求

在当今社会，电力系统的稳定和安全对所有行业的正常运行至关重要，它确保了各个领域得以持续、稳定地发展。电力不仅是各产业的命脉，更是广大用户正常使用高品质电力产品的关键。为了满足这一需求，现代电力企业越来越重视电气自动化控制技术在电力系统中的应用，以提高系统维护和管理的效率，确保员工按照标准程序进行操作。具备这一技术的自动化控制系统在电力系统出现故障时，能迅速地为工作人员提供诊断信息，指导他们安全、高效地修复问题。现代电力企业在设计和优化电力系统时，会尽量利用电气自动化控制技术，使电力系统具有更完善的控制功能。这种技术应用不仅降低了操作电力设备的难度和复杂性，还帮助企业更优化地配置和使用资源，确保电力生产的每个环节都能有序、高效地进行，从而满足社会对持续、稳定、优质电力的需求。

6.1.2　电气自动化控制技术在电力企业中的实践应用

1. 电网调动技术

电力企业在搭建电力系统过程中，需要安排专业技术人员负责设计电网调动自动化控制系统，该系统主要涵盖工作中心控制站、计算机网络、显示屏、中心服务器等。电网调动控制技术的应用，能够促进电力企业内部电网安全可靠地生产优质电力，最大限度地满足市场的供电需求，并有效提升电力企业的电力系统综合管理运行水平，实现电力生产的自动化控制管理目标。电网调动自动化控制系统的设计主要包括调度主站、运动装置两个部分，电力企业需要结合实际工作需求和电力市场发展趋势，合理展开实践操作设计。

电网调动技术在电力企业中的应用优势主要表现在以下几个方面。一是辅助控制站工作人员完成对电网运行状态的实时监测管理。工作人员能够随时调用电网运行过程中各项数据信息，一旦发现某个电力设备运行存在异常信息，工作人员可在第一时间采取有效控制措施，确保设备负荷符合相关标准规定，从而保障电力系统的安全可靠运行，为市场用户提供高质量且稳定的电力产品。二是实现电力企业内部电网运行的经济性调度。电力企业通过合理引进和应用电网调动技术，能够实现对电网经济生产的自动化管理，降低各个环节的能源损耗，帮助电力企业节省能源，并高效生产电力资源。三是及时处理和分析电网运行故障。现代电力系统设计建设日益复杂化，涉及的技术内容越来越多，这导致电网在运行过程中出现异常故障的原因多种多样，如果单靠人工进行故障检测分析，会影响故障处理工作质量和效率，并且威胁到员工的生命安全。电气自动化控制技术的应用能够实现对电网运行故障的自动化处理分析，有效降低故障的威胁，避免安全故障范围进一步扩大，充分保障电力企业员工的人身安全和电力企业的财产安全。

2. PLC技术

PLC 技术作为电气自动化控制技术中的一项核心技术内容，能够帮助电力企业实现对电力系统运行的自动化控制管理目标，有效提升电力企业对电力系统运行过程产生海量数据信息的收集整理分析水平，并有效降低电力企业内部电力系统的运行管理成本。

PCL 技术的设计应用流程如下。一是，电力企业应收集和整理关于电力系统运行的各模块信息，并对电力系统运行质量参数和管理结构进行深入分析，完善电力系统运行管理机制，制定安全风险防范措施，为工作人员及时优化和调整电力系统架构提供便利，促使系统内各个模块能够安全稳定地运行，全面提升电力系统各模块运行质量。二是电力企业应科学高效模拟生成闭环控制操作模型，实现电力系统自动化管理和应用体系的更新升级。电力企业在日常经营管理工作中，需要面对各种复杂的电力系统安全故障问题，引发这些故障问题的具体原因各不相同，电力企业需要安排专业人员利用相关技术展开全面排查，确保能够在第一时间解决故障问题。在 PCL 技术的辅助下，电力企业能够科学高效模拟生成闭环控制的操作模型，帮助技术人员在较短时间内总结故障产生的原因，从而有针对性地采取故障解决措施。三是有效控制开关，保障电力系统安全稳定地运行。在 PCL 技术辅助下，电力企业管理人员能够利用系统开关完成对电力系统信号的准确输出和输入，能够及时处理好系统故障，避免系统在运行中产生各种不稳定因素，影响电力系统的安全运行。

3. 计算机技术

电力企业在实践应用电气自动化控制技术的过程中，要充分认识到合理运用计算机技术的重要性，加强对全体员工的计算机培训教育，促使他们能够熟练掌握计算机技术，提高工作质量和效率。计算机技术在电力企业开展电气自动化控制管理中的应用包括以下几个方面。一是计算机技术在智能电网运营管理中的应用。现代电力企业要想在竞争激烈的市场上脱颖而出，就必须高度重视智能化电网的建设管理工作，通过将计算机技术融入电力系统运行管理工作中，能够最大限度地提升不同电力系统运行管理环节的关联性，同时保障电力系统运行智能化水平的有效提升。二是计算机技术在电网优化调度作业中的应用。电力企业相关技术人员需要学会利用先进的计算机技术加强对内部智能电网的优化调度作业，实现对电力企业各项资源的最优化配置，全面提升企业内部电力装置设备的整合能力，特别要强调对电网故障问题的排查处理。电力企业能够应用计算机技术完成对各项数据信息的收集整理，为高层领导做出正确管理决策提供真实和完善的电力系统运行数据。电力企业要想搭建起先进完善的智能化电网监控系统，就必须合理运用各项计算机技术。在计算机技术作用下，电力企业能够完成对电力系统运行过程中不同环节工作情况的实时监控，使电网管理人员能够全面了解和掌握电力系统的实际运行情况，针对可能存在安全隐患的电力设备，及时采取有效的防范措施，保障电力系统运行的安全性和可靠性。

4. 实时检测技术

在电力企业建设发展的过程中，企业高层领导不能只关注企业电力生产经济效益，还必须注重企业内部电力系统的日常检修维护工作，安排专业技术人员定期展开对变压器、断路器、发电机等电力设备的检查养护工作，确保各项电力设备能够正常稳定地持续运行。在电力系统运营管理过程中，相关技术人员可以通过应用实时检测技术，并综合使用定期与不定期检测相结合的检查方式，保证及时有效地排查处理好电力设备运行过程中可能发生的安全故障。除此之外，在实时检测技术的辅助下相关技术人员能够科学、准确地记录电力系统中不同设备的实际运行情况。这样有利于电力企业降低电力设备投入使用过程安全故障发生的概率，延长电力设备的使用寿命，为电力企业节省更多的经营管理成本。值得注意的是，当相关技术人员在运用实时检测技术展开对电力系统综合检测作业时，实时检测技术除了独立使用在检测电力系统的线路、电容器等运行状况外，还可以与其他电气自动化控制技术协调使用。比如，技术人员可以通过将计算机技术与实时检测技术有机结合，将它们共同应用在电力系统运行过程的检测记录工作中，以此全面提升电力企业内部各项电力设备的检测工作水平，促进电力系统顺利运行。

6.1.3 电气自动化控制技术在电力企业的应用发展分析

电气自动化控制技术在电力企业中的发展正迅速地进入一个集成化与智能化的新阶段。这主要得益于信息技术和人工智能技术的深度融合，使现代的电气自动化控制系统具备自主学习、判断和决策的能力，从而在实际应用中提高运行的效率和准确性。

物联网技术的崛起也为电力企业带来了远程控制和监测的可能性。这意味着，即使在数百或数千公里之外，企业也可以实时地监控其电力设备的状态，及时地响应各种潜在的问题或故障，并减少现场维护的需要。在能源消耗方面，电气自动化控制技术正变得越来越高效，这是因为通过持续的技术进步，电气设备现在可以运行在最佳状态下，从而达到节约能源和减少排放的目的。电力系统的安全性和可靠性也受到了前所未有的关注。电力系统在现代社会起着关键性的作用，提高电力系统的安全性和可靠性成为一项核心任务，这包括潜在故障的预测、实时的安全监测和故障发生后的快速恢复。

另一方面，为了简化系统的设计、安装和维护过程，电气自动化控制系统的模块化和标准化趋势也日益明显，这不仅有助于降低成本，还提高了系统部件之间的互换性，使其更具灵活性和扩展性。当然，云计算和大数据技术也正在对电气自动化控制产生深远的影响。电力企业现在可以利用这些技术从系统中收集的海量数据中提取有价值的信息，从而进一步优化运行策略，提高服务质量和运营效率。

6.2 电气自动化控制技术在建筑行业中的应用

6.2.1 电气自动化控制技术在智能建筑中的应用

1. 在智能家居控制系统的应用

电气自动化控制技术在智能家居中的应用广泛而深远，这些技术的核心目标是通过集成化和自动化，提高家庭生活的舒适性、安全性、便捷性、能源效率。

舒适性是智能家居的主要关注点之一。在智能家居中，室内环境控制是智能家居的重要组成部分，智能温控系统可以根据温度、湿度和气体质量传感器的反馈，自动调整暖气、空调和通风系统，以维持室内的舒适条件，同时减少能源浪费。安全性是智能家居的重要关注点之一，家庭安全系统通过监控摄像头、门禁系统、烟雾探测器和入侵报警器等设备，提供全面的安全覆盖，这些系统可以实时监控家庭的安全状况，并通过智能手机或电脑应用程序发送警报或视频流，让居民随时了解家中的情况。

便捷性是智能家居的重要关注点之一。媒体和娱乐系统在智能家居中得到了广泛的应用，通过整合音频和视频设备，人们可以轻松地控制电视、音响系统、音乐播放器等电气，从而获得更好的娱乐体验。用户可以使用语音命令或应用程序来调整音量、切换媒体内容，甚至将不同设备协同工作，以创建全面的娱乐场景。

除了舒适性、安全性、便捷性以外，智能家居还关注能源管理。电气自动化控制技术可以监测家庭的能源消耗，并提供建议或自动调整设备，以降低能源费用和减少碳排放。这种能源管理的智能化是可持续生活方式的一部分，也有助于应对能源短缺和环境挑战。智能家居系统可以通过互联网远程访问，使用户能够随时随地监控家庭设备。这意味着即使不在家，用户也可以确保家中的安全性、舒适性和设备使用情况。

智能家居还可以涵盖健康监测，一些系统可以监测家庭成员的健康状况，包括心率、睡眠质量和活动水平，这些数据可以与医疗保健提供者或亲属共享，以确保家庭成员的健康和安全。电气自动化控制技术在智能家居中的应用将传统的住宅转变为智能、便捷、高效和安全的生活空间，这些技术不仅提高了生活质量，还有助于实现可持续的生活方式，减少能源浪费，为居民提供更多的控制权和便利性。通过不断的创新和发展，智能家居技术将继续改善人们的生活。

2. 在楼宇自动化控制的应用

楼宇自动化控制是现代建筑管理的关键组成部分，它使建筑物更加智能、高效和可持续，在实现智能楼宇的自动化控制方面，电气自动化控制技术发挥着至关重要的作用。这种技术的应用范围包括对空调、通风系统、排水系统和电力系统的集中管理，从而提供了更加便捷、节能和可控的楼宇环境。

在楼宇的控制中心，数据和信息的实时采集是实现自动化控制的关键步骤，各种传感器和监测设备被部署在不同的位置，用于监测楼宇内部和外部的环境参数。这些参数包括室内温度、湿度、光照、空气质量、能源消耗等。这些数据不断地被采集、传输和记录，为自动控制系统提供了关键的数据。

自动化控制系统依赖事先编程完成的程序来对数据进行分析和决策。这些程序考虑了各种因素，例如时间、季节、楼宇使用情况等，以确定最佳的控制策略。例如，在夏季炎热的日子里，系统会收集室内温度和湿度数据，然后与预设的舒适温度范围进行比较。如果室内温度超出了合理的范围，系统将自动触发空调系统，降低室温，以提供更加舒适的室内环境。决策的执行通常是自动的，控制系统会根据预定的策略和算法发出具体的执行指令，例如调整空调、打开或关闭通风系统、控制照明等。这些指令可以直接影响楼宇内的设备和系统，实现自动化控制的目标。控制系统还可以通过互联网远程传送数据和决策结果到管理端，以实现远程监控和管理。这意味着楼宇的运营人员可以随时远程访问控制系统，查看楼宇的状态并进行必要的调整，从而提高了运营的灵活性和效率。

尽管自动化控制系统可以根据预设的程序自主运行，但在一些复杂情况下，人工干预仍然是必要的。例如，在特殊事件或紧急情况下，楼宇管理人员可能需要手动干预，以确保安全性和有效性。这种人机协作可以确保自动化控制系统在各种情况下都能够适应并做出合理的决策。

3. 智能化的信息集成与联动机制

智能控制系统与传统楼宇自动控制系统之间存在明显的差异，最主要的区别在于智能控制系统能够实现楼宇内各类设备的高度联动和智能协调。这种协调性使楼宇在面临各种情况时能够更加智能地做出响应和控制，举例来说，当楼宇消防系统发生警报时，智能控制系统的控制中心能够即刻接收到警报信号。然后，它不仅会简单地通知相关系统，而且会自动向电梯系统、电力系统，以及通信系统等各个关键子系统传送指令。这一联动是高度智能化的，因为它考虑了不同系统之间的关联性。

电力系统会在控制中心的指令下，立即在相应区域内实施断电措施。电梯系统会迅速停运，以防止人员被困在电梯内，同时确保消防通道的畅通。通信系统则通过通信网络发送警报，通知楼内的所有人员火警情况，以及应采取的安全措施。

6.2.2 电气自动化控制技术在建筑消防工程设计中的具体应用

电气自动化控制技术在建筑消防工程设计中起到了重要的作用，深刻地影响了消防系统的性能和效率。

1. 火灾报警系统

在消防工程中，火警监控系统是整个消防安全体系中的关键部分。火警监控系统能够实时监控建筑内的火源，以便在火灾初期及时采取措施，最大限度地减少火灾带来的损失，这一系统的核心组成部分包括各种探测器，如烟雾探测器、温度探测器和火焰探测器。

烟雾探测器负责监测空气中的烟雾颗粒，一旦检测到烟雾浓度超过安全水平，就会立即发出警报。温度探测器则监测建筑内部的温度变化，当温度升高到可疑程度时，系统会做出反应。火焰探测器则专门检测明火，一旦有明火出现，即刻发出警报信号。这些探测器通过传感器将信息传送至中央控制面板，中央控制面板是整个系统的大脑，它分析接收到的信息并决定采取何种行动，一旦探测到异常，中央控制面板会立即启动声光报警器，用强烈的声音和明亮的闪光灯吸引人们的注意，也会通过电话、短信等方式通知相关人员，包括消防队、建筑管理员和其他紧急响应人员。

这种自动化响应速度是非常重要的，因为在火灾发生时，每一秒都很重要，及时的警报和响应可以帮助人们尽早逃离火源，也有助于防止火势蔓延，减少财产损失和人员伤亡。因此，火警监控系统在消防工程中扮演着不可或缺的角色，是保障建筑物和人员安全的重要一环。

2. 自动喷水灭火系统

现代的自动喷水灭火系统在消防工程中展现了令人印象深刻的科技含量和高效的响应能力。与传统的手动操作相比，这种自动系统在火灾初期的应对能力上有了质的飞跃。传统的灭火系统需要人员在火灾发生时手动启动，这过程不仅浪费了宝贵的时间，还存在着操作失误的风险，可能导致不及时或不充分的灭火。现代的自动喷水灭火系统彻底改变了这一格局。当火灾报警系统检测到火源并激活时，这一智能系统会瞬间做出反应，迅速启动喷头，精准地对准火源进行高效的喷水灭火。

这种自动响应方式消除了人为干预的环节，确保了灭火过程的连续性和准确性。自动喷水灭火系统具备强大的感知能力，能够迅速识别火源并采取相应的措施，无须等待人工干预，从而大大提高了灭火的效率。

这一技术的进步不仅保护了人员的生命安全，还有助于减小火灾对财产和环境的损害。现代自动喷水灭火系统代表了先进科技在消防领域的成功应用，提升了火灾初期的应对能力，为火灾事故的控制和最小化损失提供了有力的支持。这种智能化的自动灭火系统在建筑安全中扮演着不可或缺的角色，成了现代消防工程的关键组成部分。

3. 智能疏散指示系统

在火灾或其他紧急情况下，智能疏散指示系统的作用变得尤为突出。这个系统利用各种传感器和高级算法，能够实时监测建筑内的火势发展，以及人流动态，以确保人们的生命安全。智能疏散指示系统通过收集大量数据，包括烟雾、温度、气体浓度和人员位置等信息，然后对这些信息进行综合分析，以确定最佳的疏散路径和最近的安全出口。

智能疏散指示系统的重要性体现在它的多重功能上，它可以及时警示人们火灾或紧急情况的发生，以便他们能够立即采取行动。另外它能够向人们提供清晰明了的疏散指示，指引他们迅速而有序地离开危险区域，从而减少受伤的风险。最重要的是，智能疏散指示系统可以减少人们因恐慌而引发的踩踏事件，因为它提供了明确的方向，避免了混乱和拥挤。

智能疏散指示系统不仅是一种安全保障，也是一种预防措施，有助于最大限度地保护人们免受火灾或其他紧急情况的威胁。它的先进技术和实时数据分析为建筑内的居民和访客提供了宝贵的生命保护，确保他们能够安全地逃离潜在的危险。

4. 通风与排烟系统

通风与排烟系统也是消防工程中的关键元件，火灾发生时，建筑内部往往会积聚大量的浓烟，这不仅影响人们的视线，还可能导致中毒。自动化的通风与排烟系统能够在火灾初起时立即启动，迅速地将浓烟从建筑内部排出，这对于确保逃生通道的可视性和减少火灾带来的损害非常关键。

随着科技的进步，现代的建筑消防工程还融合了如智能控制面板、电气火灾监控系统、应急照明与疏散指示标志、电梯控制等多种先进技术。这些技术的融合和应用，使建筑消防更为智能、高效和安全。

电气自动化控制技术为建筑消防工程带来了巨大的变革和进步，不仅提高了火灾响应的速度和准确性，还为人们的生命安全提供了有力的保障。

6.2.3 电气自动化控制技术在建筑电气中的具体应用

电气自动化控制技术在建筑电气中的运用，能够结合自动化控制系统的高效监控，不断完善建筑建设。通过实时、高效的监督管理工作，电气自动化控制技术能够有效保障建筑工程项目质量，同时能够有效避免不必要的灾害发生。

1. 电力监控系统

电力监控系统结合自动化控制技术、现代计算机、通信和网络技术，可增强建筑电气变配电的控制力度。电力监控系统通过结合高抗干扰的通信设备和智能电力仪表，进一步强化了对电力系统的管理和监测，充分展现了现代科技的优势，从而提高了电力监控的效果和质量。

当发生危险时，电力监控系统可以迅速通知相关部门并借助智能控制系统切断电源，确保线路安全。在实际应用中，电力监控仪表增强了建筑电气系统的管理，确保继电器、变压器和直流屏等设备稳定运行，配电控制系统进一步对建筑电气系统的开关状态、电流、电压等关键参数进行数据采集和实时记录。这种实时监控增强了配电系统的整体稳定性和可靠性。

2. 照明监控系统

照明系统监控与电气自动控制系统相结合能够有效提高电力的利用率，以达到节约电能的目的。照明系统监控采用声音传感器、光学传感器等加强对环境的监测工作，结合人们的需求来启动相应的照明设备，如走廊、停车场等公共场所。而相应的办公和休息场所等具有规律作息时间的场所，照明系统监控可以通过定时程序设置控制照明。

更为主要的是，照明系统监控利用自动化控制技术能够充分满足人们的需求。人们将光学传感器和调光开关充分结合起来，随着外界环境光的变化智能化的调整空间亮度，以满足人们的照明需求。照明监控系统 与自动化控制系统相结合能够结合终端控制完善照明系统的维护检修工作。同时在实际的应用过程中，一旦出现异常系统就能够通过有效的指引，帮助维修人员明确故障原因且能够及时地进行维修，为人们提供更加优质安全的居住环境。

3. 安防监控系统

安防监控系统与自动化控制系统结合，形成了一个互联互动的安防系统，这个系统能够有效保障居民和用户的生活安全。这一系统利用摄像机监视器、模拟设备或数据记录装置，加强了对重要设施和公共场所的监控，及时记录报警事件，并记录现场情况，以提供验证信息。为了增强电气安全防护，出口处还可以设置图像识别系统，通过读卡机或人体生物特征识别访客，同时记录相关数据，不断提升电气安防效果。在实际应用中，技术人员需要加强控制系统内部的双向通信，以更好地执行安防监控系统的鉴定和控制功能，确保监控的有效性，并进行信息处理和人机交互控制。

在实际应用中，安防监控系统需要确保工作人员充分了解电气自动化控制系统，并能够有效地利用它。这有助于提高设备的维护和安全管理效率，在节省能源的同时，加强了建筑电气系统的现代运营管理。

智能控制系统在楼宇自动控制方面能够实现不同系统之间的紧密协调和高效联动，这种协同作用可以提高楼宇的安全性、效率和响应速度，使楼宇管理更加智能和可靠。这种趋势在未来将继续发展，以满足不断增长的楼宇自动化需求。

6.3 电气自动化控制技术在智能农业中的应用

智能农业是指利用现代信息技术，对农业生产环境、生物特性、生产过程和经营管理等进行监测、分析、控制和优化，实现农业的高效、节能、环保和可持续发展的一种新型农业模式。电气自动化控制技术在智能农业中有着广泛的应用，电气自动化控制技术的应用不仅可以提高农业生产的质量和效率，还可以降低农业生产的成本和风险，增加农业生产的收益和竞争力。

6.3.1 温室大棚的智能化改造

1. 温室大棚的智能化控制系统的组成

温室大棚的智能化控制系统主要由传感器、控制器和执行器三部分组成。

（1）传感器。传感器有很多种，他们的功能也各不相同，这些传感器主要负责实时监测温室内的多种环境因素，如温度、湿度、光照强度、二氧化碳浓度、土壤水分等。这些传感器通常具有高度的精确性和响应速度，能够在环境条件发生微小变化时立即进行检测并向智能化控制系统传递数据。例如，温度传感器能够精确监测温室内的热量分布，湿度传感器能够准确测定空气和土壤的水分含量，光照传感器能够监测光照强度的变化。通过这些传感器到收集的数据，智能化控制系统能够对温室内的环境状况有一个全面而详细的了解。

（2）控制器。控制器在智能化控制系统中扮演着大脑的角色，它接收来自各种传感器的数据，并根据预设的程序或算法，分析这些数据来生成控制指令。这些控制指令基于对作物生长条件的最佳理解，从而确保温室内的环境始终处于最佳状态。控制器的类型多样，可以是简单的PLC，也可以是更复杂的微处理器或专用计算机系统。在高端的温室大棚中，控制器可能还会集成人工智能和机器学习算法，以实现更加智能和自适应的控制。

（3）执行器。执行器是智能化控制系统中实际执行任务的元件，它们根据控制器的指令来调节温室内的各种环境因素，如通过调节风机和加热器来控制温度，使用遮阳网来调节光照，使用喷雾器来调节湿度，使用灌溉系统来控制土壤水分。这些执行器能够精确地响应控制器的指令，及时调整温室内的环境条件，从而为作物提供最适宜的生长环境。

2. 温室大棚的智能化控制系统的功能和优势

温室大棚的智能化控制系统能够根据作物的生长需求，自动调节温室大棚内的环境因素，保持温室大棚内的环境条件在最佳范围内，从而提高作物的生长质量和效率。温室大棚的智能化控制系统具有以下优势。

（1）节省人力和物力。温室大棚的智能化控制系统可以实现温室大棚内环境因素的自动监测和调节，减少人工干预和误操作，降低人力成本和管理难度。温室大棚的智能化控制系统可以根据实际情况，合理地使用水、肥、电等资源，避免资源浪费和环境污染，降低物力成本和环境负担。

（2）提高生产效率和质量。温室大棚的智能化控制系统可以根据作物的生长规律和需求，精确地控制温室大棚内的温度、湿度、光照、二氧化碳、水分、肥力等环境因素，使作物在最佳的生长环境下生长，提高作物的生长速度和抗病能力，增加作物的产量和品质，满足市场的需求和标准。

（3）增强系统的稳定性和可靠性。温室大棚的智能化控制系统可以实时地监测和记录温室大棚内的环境因素的变化，及时地发现和解决问题，从而确保温室大棚内环境的稳定性和系统的可靠性。智能化控制系统能够自动调整控制策略，适应外部环境的变化和作物生长的不同阶段，减少因环境波动或操作失误导致的作物损失。

（4）提高数据管理和决策支持能力。温室大棚的智能化控制系统能够收集和存储大量的环境数据和作物生长数据，通过数据分析和模型预测，为农业生产提供科学的决策支持。这些数据可以用于远程监控和管理，便于农业生产者随时了解温室大棚的运行状态和作物的生长状况，及时调整生产策略。

（5）促进农业可持续发展。通过精准控制和优化资源利用，温室大棚的智能化控制系统有助于降低农业生产的环境影响，促进农业的可持续发展。温室大棚的智能化控制系统可以减少化肥和农药的使用，减轻对土壤和水源的污染，同时提高能源利用效率，减少温室气体排放。

6.3.2 精准灌溉和施肥系统

精准灌溉和施肥系统是利用无线通信、物联网和云计算技术，根据作物的生长周期、土壤的水分和肥力、气象的预测等数据，实现灌溉和施肥的精确控制、节约水资源和化肥、减少污染的系统。

1. 系统结构

精准灌溉和施肥系统主要包含以下几个部分。

（1）数据采集部分。这一部分是精准灌溉和施肥系统的基础，主要由各种传感器组成。土壤水分传感器能够精确测量土壤的水分含量，为灌溉提供直接的数据支持。土壤肥力传感器用于检测土壤中的养分含量，为施肥提供依据。作物生长传感器可以监测作物的生长状况，如高度、叶面积等，这对于判断作物的生长阶段和营养需求至关重要。气象传感器则负责收集气象数据，如温度、湿度、降雨量等，这些数据对于确定灌溉和施肥时机极为重要。这些传感器通过无线通信技术，如无线网络、蓝牙，将收集的数据实时发送到数据处理中心。

（2）数据处理部分。数据处理部分通常设置在云计算平台上，这样可以利用强大的计算能力进行数据分析和处理。云平台接收来自各传感器的数据，通过先进的算法和模型对数据进行分析，以确定最佳的灌溉和施肥方案。这一过程考虑了多个因素，如作物的生长周期、土壤的当前状况、近期的气象预报等。在处理完毕后，云平台将生成的灌溉和施肥指令发送到执行设备。

（3）数据执行部分。数据执行部分包括各种灌溉和施肥设备。水泵和阀门用于控制水流的大小和方向，喷头用于将水均匀地分布到田间，施肥器负责按照指定的比例和时间向土壤中添加化肥或有机肥。这些设备根据从数据处理中心接收到的指令，自动调整运行状态，确保灌溉和施肥的精度和效率。

（4）数据反馈部分。数据反馈部分是用户与系统交互的界面，常见的用户终端包括智能手机、平板和电脑等。用户可以通过这些设备查看系统的运行状态、灌溉和施肥的效果，甚至可以接收系统提供的建议或警报。这一部分的设计注重用户体验，界面通常直观易懂，便于用户进行操作和调整。用户可以通过这些终端对系统进行远程控制，如调整灌溉或施肥的计划。

2. 精准灌溉和施肥系统的功能和优势

（1）精准控制。精准灌溉和施肥系统可以根据作物的生长周期、土壤的水分和肥力、气象的预测等数据，计算出最佳的灌溉和施肥方案，实现灌溉和施肥的精确控制，避免灌溉和施肥过量或不足，提高水肥利用效率，保证作物的健康生长。

（2）节约资源。精准灌溉和施肥系统可以根据实际需要，动态调节灌溉和施肥的时间、量和频率，节约水资源和化肥，减少农业生产的成本和环境负担。

（3）智能管理。精准灌溉和施肥系统可以通过用户终端，实时反馈灌溉和施肥的状态、效果、建议等信息，方便用户查看和调整，提高农业生产的管理水平和决策能力。

（4）兼容性强。精准灌溉和施肥系统可以与现有的灌溉和施肥设备兼容，无须大幅改造，只需安装相应的传感器和控制器，即可实现智能化升级，降低系统的部署难度和风险。

6.3.3 农产品的智能采摘和分拣

随着农业的现代化和智能化发展，越来越多的农业机器人被开发和应用在农业作业中，以实现农产品的无人化、自动化和智能化的采摘和分拣。

1. 系统实现

农产品的智能采摘和分拣系统一般由以下几个部分组成。

（1）移动平台。移动平台为农产品的智能采摘和分拣系统提供了必要的移动性和灵活性，它可以采用多种形式，如轮式平台在平坦的地面上移动效率高，履带式平台适合于不平坦的地形，步行式平台能在更复杂的环境中稳定工作。这些平台通常装备有高级的传感器，如激光雷达、全球定位系统、摄像头等，用于实现自主导航、精确定位和有效的避障。控制器安装在移动平台上，负责接收和处理来自中央处理单元的指令，指导机器人完成预定的路径和任务。

（2）机械臂。机械臂负责执行复杂的操作任务，根据不同的农作物和采摘要求，机械臂的设计多样化，比如串联式机械臂具有较大的工作范围，适合于开阔的农田环境；并联式或混联式机械臂因其结构紧凑、响应速度快而适合于空间较小的温室环境。机械臂上安装的执行器和传感器，如伺服电机、力觉传感器等，能够精确控制机械臂的运动，实现柔性抓取和精细操作，从而减少对果蔬的损伤。

（3）末端执行器。末端执行器是农业机器人中对灵敏度与精准度要求最高的部件，为了适应不同种类的农产品，末端执行器的形状和材料需具备一定的多样性和适应性。例如，钳形执行器适用于硬壳类农产品的采摘，吸盘或软体材料的执行器更适合于易损伤的水果或蔬菜的采摘。末端执行器上装配的传感器，如摄像头和光谱传感器，能够实现对果蔬的视觉识别和品质评估，以确保只有成熟和符合标准的农产品被采摘。

（4）云平台。云平台是农业机器人的辅助部分，它提供了机器人的数据存储、分析、优化和协作能力，可以根据不同的农产品和任务选择合适的算法和模型，如图像处理、机器学习、深度学习、强化学习等。云平台上装有各种软件和服务，以实现机器人的智能决策、远程监控、人机交互等功能。

2. 系统技术细节

农产品的智能采摘和分拣的实现一般包括以下几个阶段。

（1）导航定位。导航定位可以使机器人能够自主地在农田内移动，准确地到达目标位置，一般采用多种导航定位方法结合使用，这样可以提高导航的精确性和可靠性。全球定位系统提供大范围定位，激光雷达在机器人附近生成高精度的环境地图，帮助机器人识别障碍物和路径。视觉导航系统通过相机捕捉环境图像，结合图像处理技术，能够进一步提高导航的准确性。惯性导航系统可以在全球定位系统信号不可用的情况下提供辅助定位。这些系统协同工作，不仅提高了机器人的定位能力，还增强了其在复杂环境中的避障能力。

（2）识别定位。识别定位的能力强弱决定了机器人能否找到目标对象和能否执行任务。识别定位的方法有多种，如基于颜色的颜色分割法、基于形状的形状匹配法、基于特征的特征提取法、基于深度的深度估计法等。识别定位能获取农产品的大小、颜色、形状、成熟度和采摘位置等信息，筛选出合适的农产品，计算出农产品的三维坐标，指导机器人的操作动作。

（3）采摘执行。采摘执行的效率与准确度决定了农业机器人进入实际应用阶段的情况，机器人需要根据识别定位的结果，精确控制机械臂和末端执行器完成采摘任务。规则控制法依据预设的规则进行操作；模型预测法根据模型预测最佳操作路径；学习控制法通过机器学习优化操作策略；反馈控制法根据实时反馈调整动作。这些方法的结合，使机器人能够高效、精确地完成抓取、剪切和放置等多种动作，同时确保农产品的完整性和品质。

（4）分拣分类。分拣分类更多的是在考验机器人图像识别与图像分割的能力，它决定了机器人完成任务的效率和效果。通过先进的传感器和图像处理技术，机器人可以根据农产品的大小、颜色、形状等特征进行分类。规则分类法基于预定义的标准执行分类；统计分类法依据数据统计进行决策；机器学习法和深度学习法通过学习大量样本数据，提高分类的准确性和效率。这些高级分类方法使机器人能够快速准确地将农产品分级，并将其分配到不同的储存或处理流程中。

参考文献

[1] 李岩，张瑜，徐彬 . 电气自动化管理与电网工程 [M]. 汕头：汕头大学出版社，2021.
[2] 闫来清 . 机械电气自动化控制技术的设计与研究 [M]. 北京：中国原子能出版社，2022.
[3] 李继芳 . 电气自动化技术实践与训练教程 [M]. 厦门：厦门大学出版社，2019.
[4] 翟元元 . 基于人工智能技术的电气自动化智能控制系统设计与实现 [J]. 办公自动化，2023，28（19）：7-9.
[5] 张小龙 . 电气自动化仪器仪表控制技术分析 [J]. 冶金管理，2023（18）：102-105.
[6] 赵辉 . 电气自动化在电厂系统中的实际应用 [J]. 石河子科技，2023（5）：43-44.
[7] 章子立 . 数字技术在电力自动化中的应用 [J]. 产业创新研究，2023（18）：115-117.
[8] 宋男 . 电气工程及其自动化的智能化技术应用浅析 [J]. 中国设备工程，2023（18）：36-38.
[9] 柳新枝，罗燕杰 . 基于 PLC 和变频技术的电机调速研究 [J]. 设备管理与维修，2023（18）：36-37.
[10] 崔永远 . PLC 技术在机械电气自动化控制中的应用研究 [J]. 有色金属工程，2023，13（9）：177.
[11] 李志冬，许赟，由小松，等 . 自动化技术在光伏发电系统中的应用 [J]. 电子技术，2023，52（9）：368-369.

[12] 张伟，王均．人工智能技术在电气自动化控制中的运用探讨 [J]. 信息系统工程，2023（9）：67-70.

[13] 王兵兵．电气自动化技术在煤矿机械设备中的运用 [J]. 矿业装备，2023（9）：50-52.

[14] 王宏维．人工智能技术在电气自动化控制中的应用思路分析 [J]. 科技创新与生产力，2023，44（9）：15-16，20.

[15] 田海波，王炳龙．智能控制技术在自动化系统中的应用 [J]. 集成电路应用，2023，40（9）：152-153.

[16] 刘毅东，杨旭，刘海军．自动化理论及实训课程的教学实践 [J]. 集成电路应用，2023，40（9）：252-253.

[17] 周忞剀，蒋一鸣．电气工程中电气自动化技术的应用研究 [J]. 模具制造，2023，23（9）：217-219.

[18] 何亚福，李留现，路续．PLC 技术在电气工程及其自动化控制中的应用 [J]. 锻压装备与制造技术，2023，58（4）：83-84.

[19] 梁阳升．基于 PLC 的电气自动化控制水处理系统研究 [J]. 城市建设理论研究（电子版），2023（24）：1-3.

[20] 张林强．电气自动化技术在电力工程中的运用分析 [J]. 电气技术与经济，2023（6）：95-97.

[21] 李建平．PLC 技术在电气设备自动化控制中的运用 [J]. 电气技术与经济，2023（6）：186-188.

[22] 李再丽．电力工程中的电气自动化技术应用 [J]. 信息系统工程，2023（8）：56-59.

[23] 黄海荣．PLC 的电气自动化控制水处理系统研究 [J]. 电子制作，2023，31（16）：118-120，117.

[24] 李芳．基于计算机技术的电气自动化控制系统研究 [J]. 现代盐化工，2023，50（4）：44-46.

[25] 王州．人工智能技术在电气自动化控制中的应用 [J]. 造纸装备及材料，2023，52（8）：65-67.

[26] 李军合，李晓燕．人工智能在自动化控制中的应用分析 [J]. 中国设备工程，

2023（15）：26-28.
[27] 李鹰 . 变频器调速技术在电气自动化控制中的应用 [J]. 集成电路应用，2023，40（8）：384-385.
[28] 靖若涛 . 自动化系统中的节能设计 [J]. 集成电路应用，2023，40（8）：280-281.
[29] 吴楠 . 人工智能技术在自动化控制系统中的应用 [J]. 集成电路应用，2023，40（8）：216-217.
[30] 方周宇，刘景景 .PLC 技术在电气自动化控制中的应用 [J]. 中国高新科技，2023（15）：32-34.
[31] 赵璞 . 浅析工业机器人电气自动化技术的有效应用 [J]. 石河子科技，2023（4）：20-21，19.
[32] 乔征瑞，张玉 . 探究当前智能化技术在电气工程自动化控制中的运用 [J]. 新疆有色金属，2023，46（5）：108-110.
[33] 李伟 . 智能化技术在泵站电气自动化控制中的应用 [J]. 现代工业经济和信息化，2023，13（7）：132-134.
[34] 董优 . 电气自动化技术在照明工程中的应用 [J]. 光源与照明，2023（7）：37-39.
[35] 蔡城 . 电气自动化在太阳能光伏发电中的应用研究 [J]. 光源与照明，2023（7）：144-146.
[36] 凌忠宇 . 船舶电气自动化系统的可靠性保障技术研究 [J]. 船舶物资与市场，2023，31（7）：73-75.
[37] 刘文波，刘文涛 .PLC 技术在电气工程自动化控制中的应用研究 [J]. 中国设备工程，2023（14）：200-202.
[38] 刘文波，刘文涛，庞志海 . 计算机控制系统在电气工程及自动化中的应用 [J]. 中国设备工程，2023（14）：214-216.
[39] 赵江天 . 电气工程及其节能设计要点探析 [J]. 中国设备工程，2023（14）：234-236.
[40] 吴克呈 .PLC 在工业电气自动化控制中的应用探究 [J]. 数字技术与应用，2023，41（7）：104-106.

[41] 江拼，游世辉，李伟，等 . 电气自动化控制技术在电力系统中的应用 [J]. 中国高新科技，2023（14）：32–33，36.

[42] 张俊青 . PLC 技术在机械电气自动化控制中的应用探索 [J]. 中国机械，2023（21）：74–77.

[43] 黎楚越，周韵，查云龙 . 人工智能技术在电气自动化控制中的应用研究 [J]. 大众标准化，2023（14）：178–180.

[44] 胡飞跃 . 基于人工智能的电气自动化控制及运用场景 [J]. 电气技术与经济，2023（5）：59–60，63.

[45] 韩进文 . 浅谈电气自动化仪表工程施工质量控制 [J]. 电气技术与经济，2023（5）：156–159.

[46] 张旭健 . 电气自动化在电气工程中的运用分析 [J]. 电气技术与经济，2023（5）：200–203.

[47] 赵鸿涛 . 自动化技术在建筑电气系统中的应用 [J]. 电子技术，2023，52（7）：294–295.

[48] 李彩军 . 自动化技术在电力系统中的应用 [J]. 电子技术，2023，52（7）：346–347.

[49] 杨兆惠 . 电气设备自动化控制中 PLC 技术的应用分析 [J]. 冶金管理，2023（13）：21–23.

[50] 周文君 . 基于 PLC 的电气自动化系统设计与实现 [J]. 造纸装备及材料，2023，52（7）：57–59.

[51] 姚东永 . 浅析人工智能技术在电气自动化控制中的运用 [J]. 中国机械，2023（20）：111–114.

[52] 赵相丞 . 电气自动化系统继电保护安全技术的应用研究 [J]. 品牌与标准化，2023（增刊 1）：166–169.

[53] 张奇，于亦彬，于启彬 . 电气自动化设计中的技术融合应用 [J]. 集成电路应用，2023，40（7）：258–259.